儿童趣味百科

英国数学真简单团队/编著　华云鹏　董雪/译

DK儿童数学分级阅读 第六辑

分数、小数、百分数和比率

数学真简单！

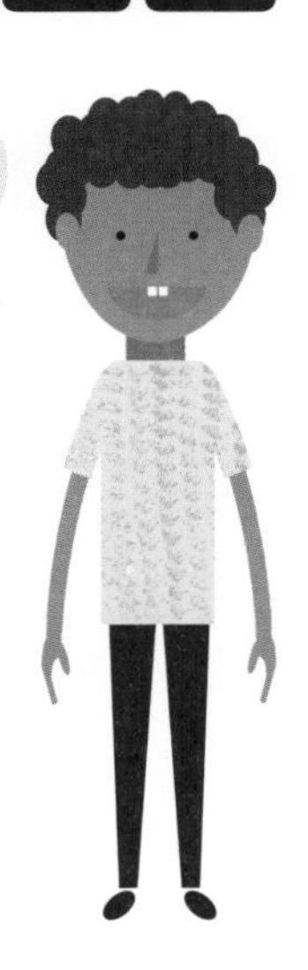

電子工業出版社
Publishing House of Electronics Industry
北京·BEIJING

版权贸易合同登记号　图字：01-2024-1978

图书在版编目（CIP）数据

DK儿童数学分级阅读. 第六辑. 分数、小数、百分数和比率 / 英国数学真简单团队编著；华云鹏，董雪译. --北京：电子工业出版社，2024.5
ISBN 978-7-121-47660-0

Ⅰ. ①D…　Ⅱ. ①英…　②华…　③董…　Ⅲ. ①数学－儿童读物　Ⅳ. ①O1-49

中国国家版本馆CIP数据核字（2024）第070449号

出版社感谢以下作者和顾问：Andy Psarianos, Judy Hornigold, Adam Gifford和Anne Hermanson博士。
已获Colophon Foundry的许可使用Castledown字体。

责任编辑：苏　琪
印　　刷：鸿博昊天科技有限公司
装　　订：鸿博昊天科技有限公司
出版发行：电子工业出版社
　　　　　北京市海淀区万寿路173信箱　　邮编：100036
开　　本：889×1194　1/16　印张：18　　字数：303千字
版　　次：2024年5月第1版
印　　次：2024年11月第2次印刷
定　　价：128.00元（全6册）

凡所购买电子工业出版社图书有缺损问题，请向购买书店调换。若书店售缺，请与本社发行部联系，联系及邮购电话：（010）88254888，88258888。
质量投诉请发邮件至zlts@phei.com.cn，盗版侵权举报请发邮件至dbqq@phei.com.cn。
本书咨询联系方式：（010）88254161转1868，suq@phei.com.cn。

www.dk.com

目录

约分

准备

汉娜、阿米拉和鲁比分别买了一样的巧克力。

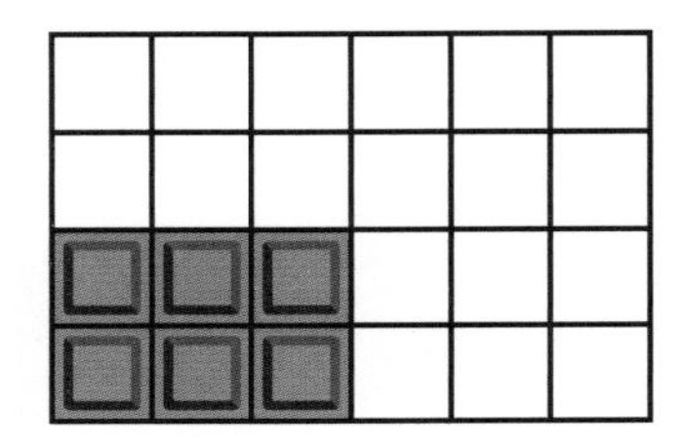

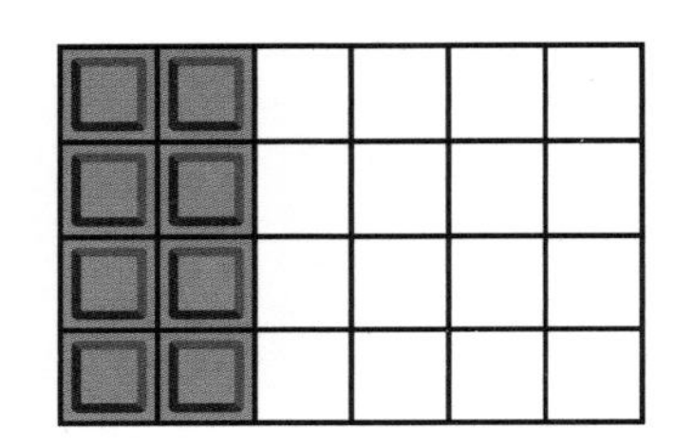

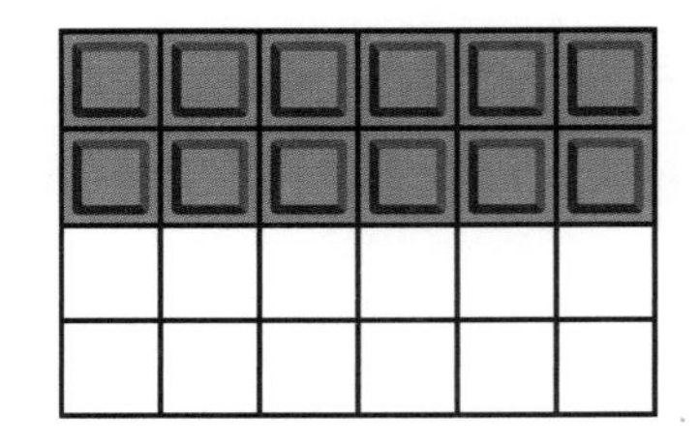

我吃了18块。

我吃了16块。

我吃了12块。

你能用最简分数表示她们分别吃了几分之几吗？

举例

每条巧克力原来有24块。

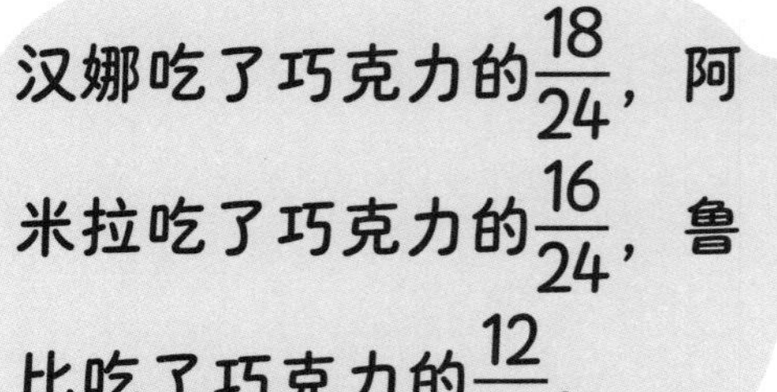

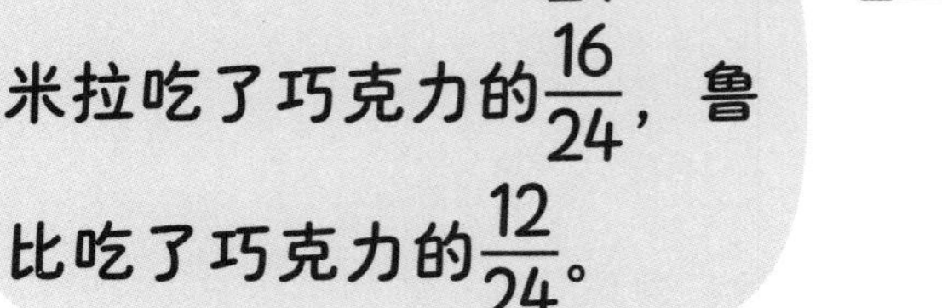

汉娜吃了巧克力的$\frac{18}{24}$，阿米拉吃了巧克力的$\frac{16}{24}$，鲁比吃了巧克力的$\frac{12}{24}$。

分子和分母同时除以它们的最大公因数，可以得到最简分数。

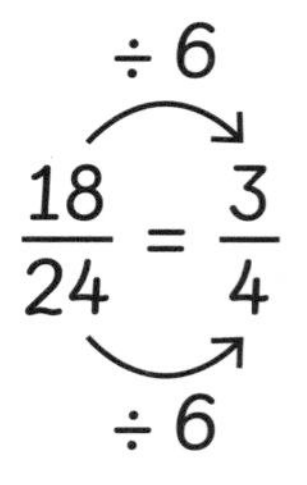

$$\frac{18}{24} = \frac{3}{4} \quad (\div 6)$$

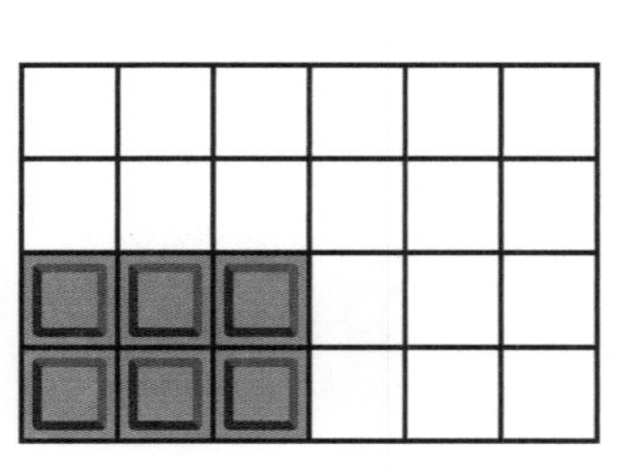

18和24的最大公因数是6。

16和24的最大公因数是8。

12和24的最大公因数是12。

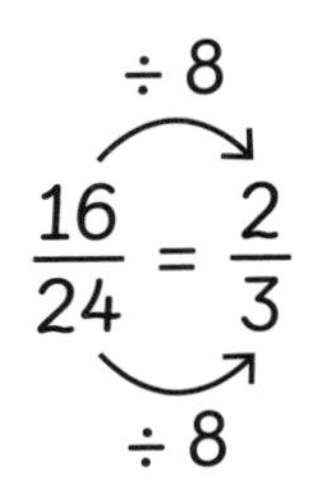

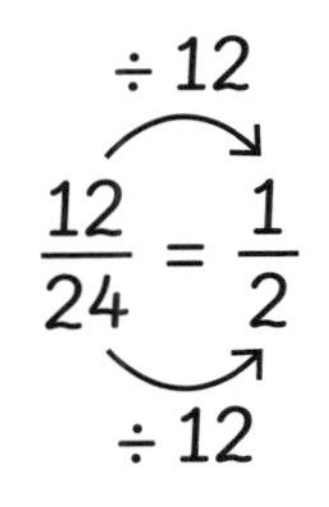

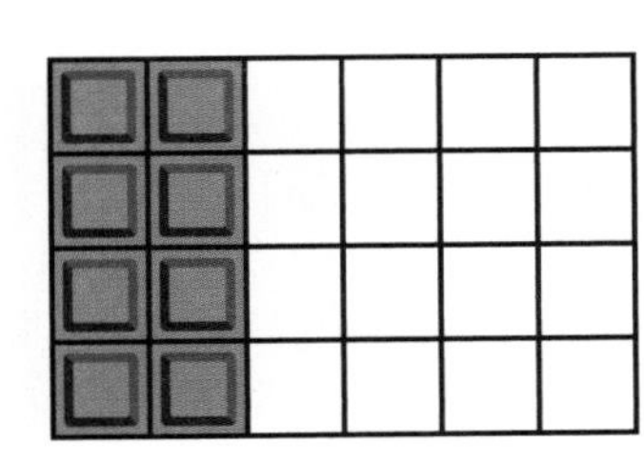

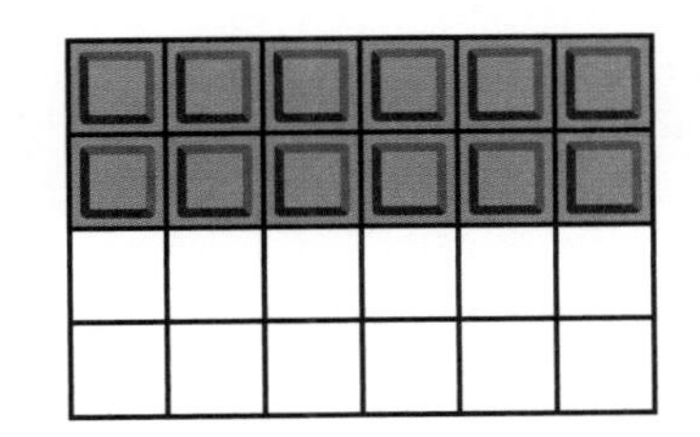

汉娜吃了巧克力的 $\frac{3}{4}$，阿米拉吃了巧克力的 $\frac{2}{3}$，鲁比吃了巧克力的 $\frac{1}{2}$。

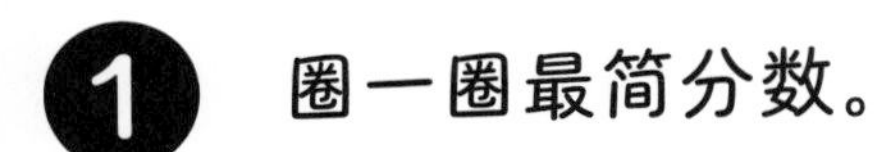

1 圈一圈最简分数。

$\frac{21}{35}$　　$\frac{2}{3}$　　$\frac{5}{7}$　　$\frac{27}{33}$

2 算一算最简分数。

(1) $\frac{14}{21} = \frac{\square}{\square}$　　(2) $\frac{15}{27} = \frac{\square}{\square}$

(3) $\frac{24}{64} = \frac{\square}{\square}$　　(4) $\frac{56}{72} = \frac{\square}{\square}$

比较分数的大小

第2课

准备

表格中记录了咖啡馆3天内使用的鸡蛋数量。

哪一天使用的鸡蛋数量最多？

哪一天使用的鸡蛋数量 最少？

日期	使用鸡蛋盒数
星期一	$2\frac{3}{4}$ 盒鸡蛋
星期二	$2\frac{5}{6}$ 盒鸡蛋
星期三	$\frac{7}{2}$ 盒鸡蛋

举例

比一比这些分数的大小。

$\frac{7}{2} > 3$

$2\frac{3}{4} < 3$

$2\frac{5}{6} < 3$

$\frac{7}{2}$是三个数中唯一大于3的分数，所以它是最大的分数。

$\frac{7}{2} = 3\frac{1}{2}$

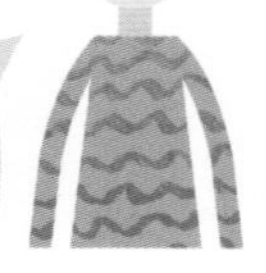

我们可以找一找$\frac{3}{4}$和$\frac{5}{6}$的公分母。

12是$\frac{1}{4}$和$\frac{1}{6}$的公分母。

$2\frac{3}{4} = 2\frac{9}{12}$　　$2\frac{5}{6} = 2\frac{10}{12}$

$2\frac{9}{12} < 2\frac{10}{12}$

我们可以用条形比一比分数的大小。

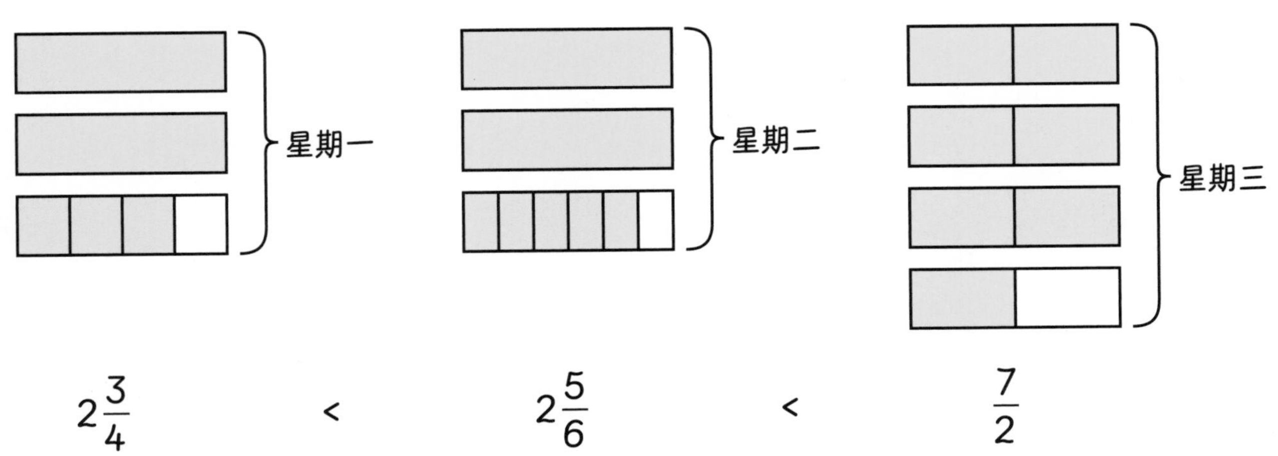

$2\frac{3}{4} < 2\frac{5}{6} < \frac{7}{2}$

咖啡馆在星期三使用的鸡蛋数量最多，在星期一使用的鸡蛋数量最少。

练 习

1 把下面分数按照从小到大的顺序排一排。

$3\frac{3}{5}$　$3\frac{1}{2}$　$3\frac{3}{10}$

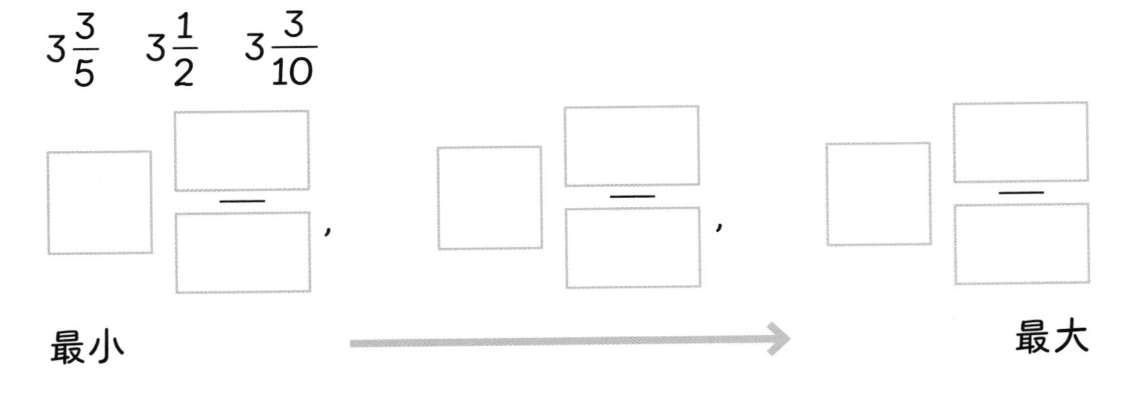

2 把下面分数按照从大到小的顺序排一排。

$1\frac{3}{8}$　$1\frac{3}{4}$　$1\frac{1}{2}$

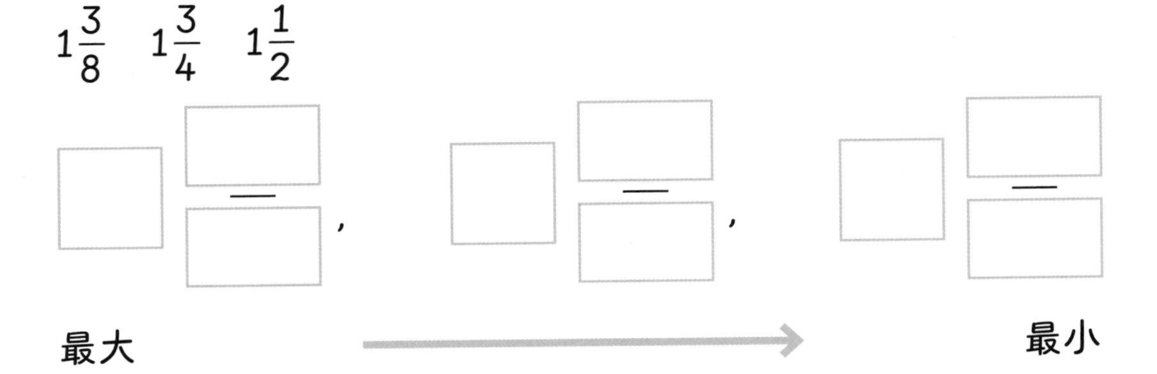

分数加减法（一）

准备

阿米拉在帮爸爸洗车。

阿米拉的爸爸把$\frac{1}{2}$升水和$\frac{1}{3}$升洗涤剂混合在桶中制成清洗液。洗完车后，桶里还剩下$\frac{1}{4}$升清洗液。

他们洗车用了多少升清洗液？

举例

先算出阿米拉和爸爸原来有多少升清洗液。

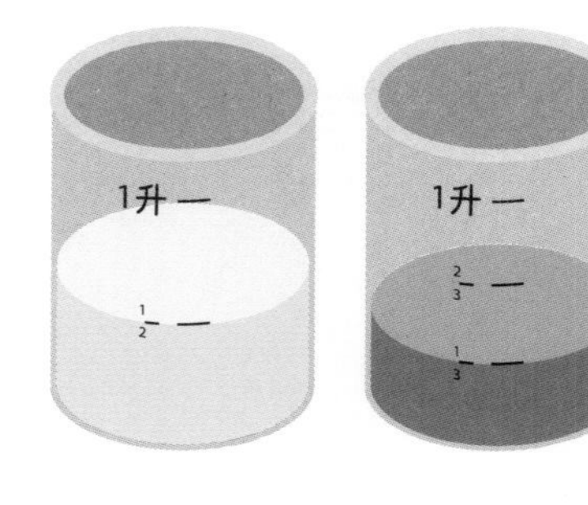

我们需要把$\frac{1}{2}$和$\frac{1}{3}$化成分母相同的分数，这样两个分数就能相加了。

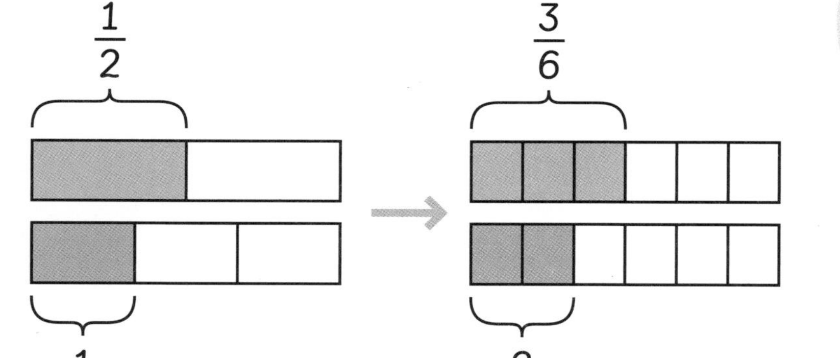

$2 \times 3 = 6$
这个相同的分母就是2和3的公倍数。

$\frac{1}{2}$和$\frac{1}{3}$能通分成分母是6的分数。

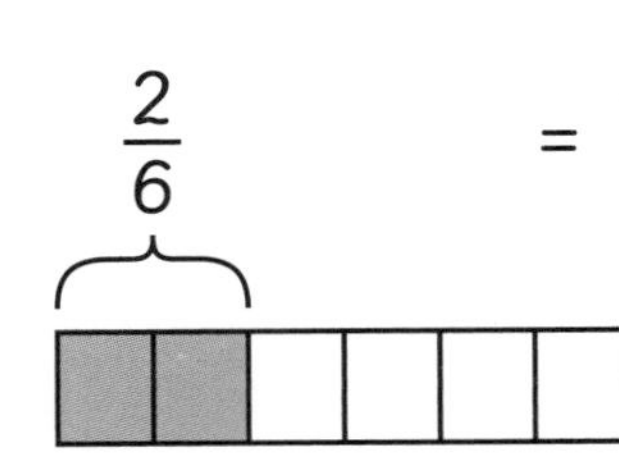
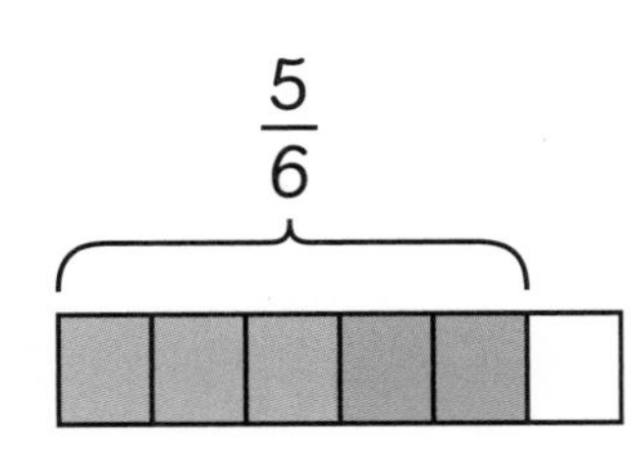

$\frac{3}{6} + \frac{2}{6} = \frac{5}{6}$

他们开始有$\frac{5}{6}$升清洗液。

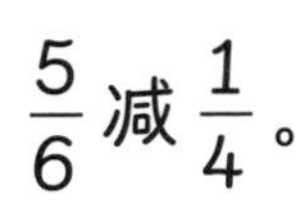

$\frac{5}{6}$减$\frac{1}{4}$。

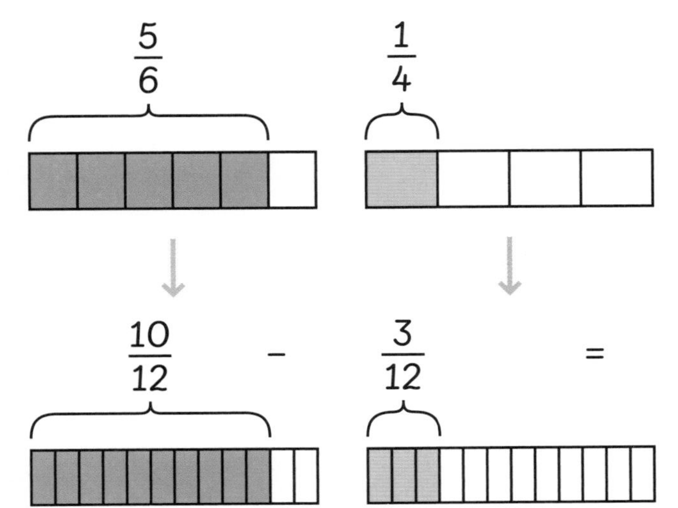

$\frac{10}{12} - \frac{3}{12} = \frac{7}{12}$

$4 \times 6 = 24$
我可以用24，但12是4和6的最小公倍数，所以我选择12做公分母。

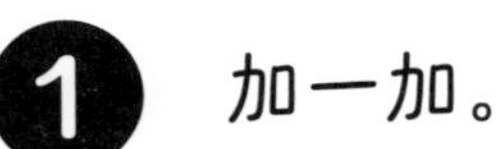

阿米拉和爸爸洗车用了$\frac{7}{12}$升清洗液。

练习

1 加一加。

(1) $\frac{1}{2} + \frac{1}{4} =$ □

(2) $\frac{1}{2} + \frac{3}{8} =$ □

(3) $\frac{2}{5} + \frac{2}{3} =$ □

(4) $\frac{5}{6} + \frac{1}{8} =$ □

2 减一减。

(1) $\frac{3}{4} - \frac{1}{2} =$ □

(2) $\frac{3}{4} - \frac{5}{8} =$ □

(3) $\frac{5}{7} - \frac{1}{4} =$ □

(4) $\frac{5}{6} - \frac{3}{4} =$ □

分数加减法（二）

第4课

准备

早上，面包师有1千克面粉。他用$\frac{1}{2}$千克面粉烤了一个面包，又用$\frac{3}{8}$千克面粉烤了一些面包卷。下午，他去商店买了$1\frac{3}{4}$千克面粉。

面包师现在有多少千克面粉？

面包师用了$\frac{1}{2}$千克面粉后，还剩$\frac{1}{2}$千克面粉。

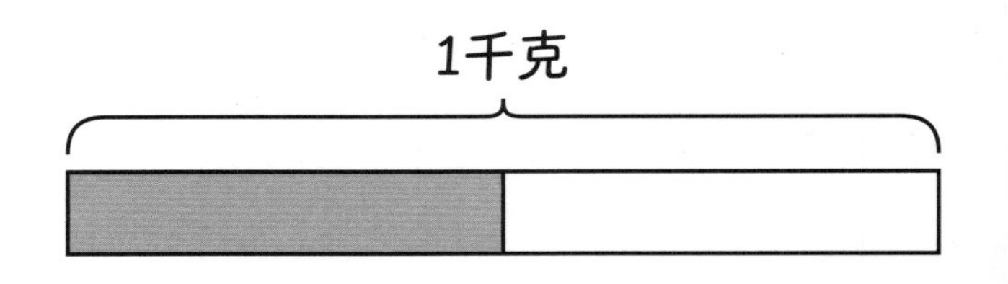

$$1=\frac{2}{2}$$

$$\frac{2}{2}-\frac{1}{2}=\frac{1}{2}$$

分母相同时，分数才能相加减。我们需要找到一个公分母。$\frac{1}{2}$、$\frac{1}{4}$和$\frac{1}{8}$的公分母是8。

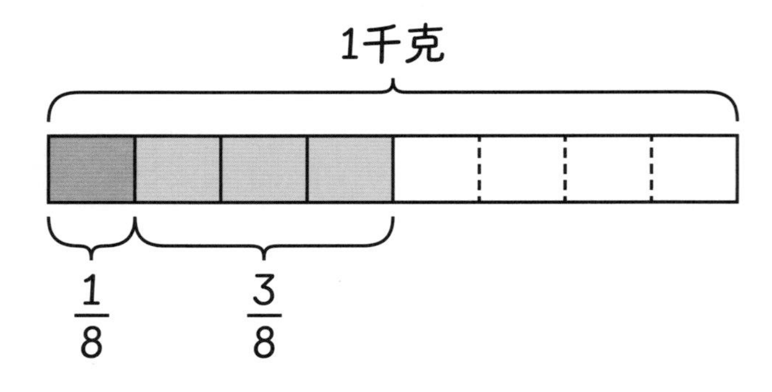

$$\frac{1}{2}=\frac{4}{8}$$

$$\frac{4}{8}-\frac{3}{8}=\frac{1}{8}$$

$\frac{1}{2}$减$\frac{1}{8}$，先将$\frac{1}{2}$通分成$\frac{4}{8}$。

然后，$\frac{4}{8}$加$1\frac{3}{4}$。需要通分成分母是8的分数。

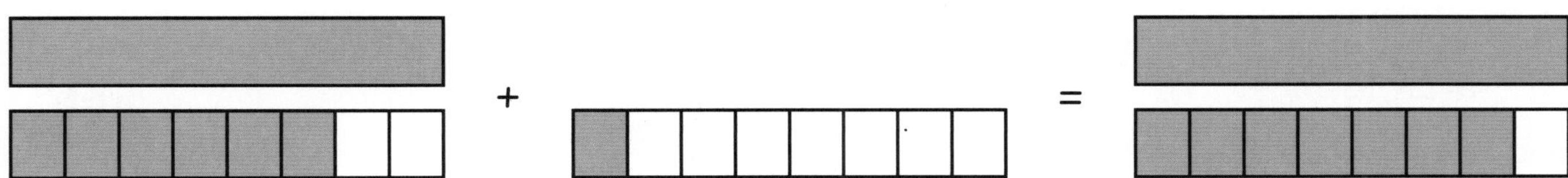

$1\frac{3}{4}=1\frac{6}{8}$

$1\frac{6}{8}+\frac{1}{8}=1\frac{7}{8}$

面包师现在有 $1\frac{7}{8}$ 千克面粉。

练 习

1 加一加。

(1) $\frac{7}{8}+\frac{1}{4}=\square$

(2) $1\frac{1}{2}+\frac{3}{8}=\square$

(3) $2\frac{5}{6}+3\frac{3}{4}=\square$

(4) $\frac{8}{3}+1\frac{3}{4}=\square$

2 减一减。

(1) $\frac{7}{9}-\frac{2}{3}=\square$

(2) $1\frac{3}{8}-\frac{1}{4}=\square$

(3) $7\frac{1}{2}-3\frac{7}{8}=\square$

(4) $\frac{31}{20}-1\frac{2}{5}=\square$

分数乘法（一）

第5课

准备

露露和家人午饭时喝了一些汽水。一瓶汽水有$\frac{3}{4}$升，露露和姐姐喝了一瓶汽水的$\frac{1}{2}$。露露的妈妈喝了一瓶汽水的$\frac{2}{3}$。

露露和姐姐喝了多少升汽水？露露的妈妈喝了多少升汽水？

举例

先算一算露露和姐姐喝了多少升汽水。

这些代表1升。

一瓶汽水有$\frac{3}{4}$升。

阴影部分代表$\frac{3}{4}$。

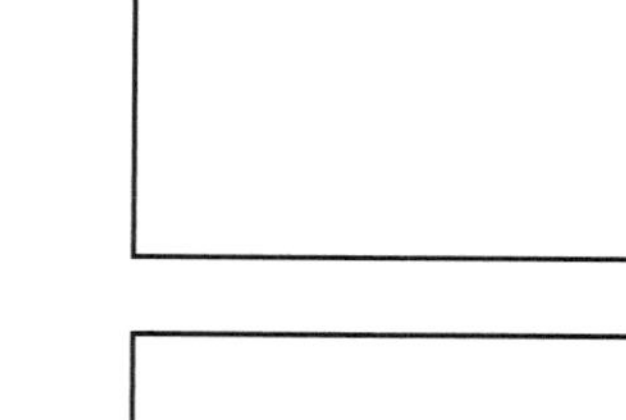

我们把$\frac{3}{4}$的$\frac{1}{2}$写作$\frac{1}{2}\times\frac{3}{4}$。

$\frac{1}{2}\times\frac{3}{4}=\frac{3}{8}$

$\frac{2}{3} \times \frac{3}{4} = \frac{6}{12}$

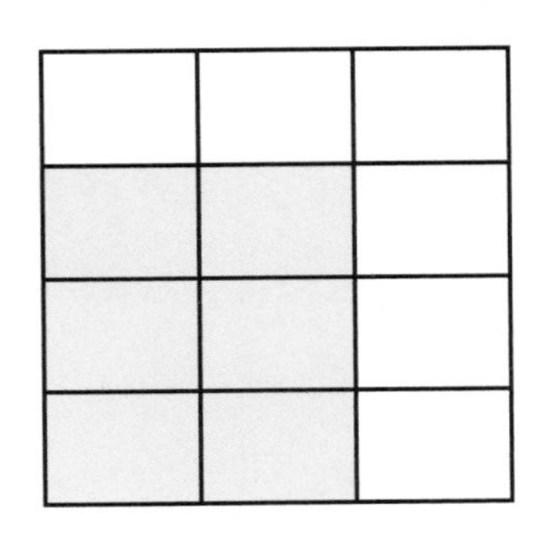

$\frac{6}{12} = \frac{1}{2}$

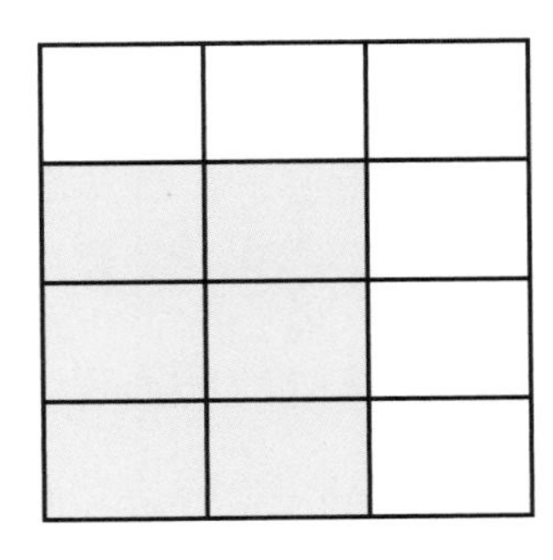

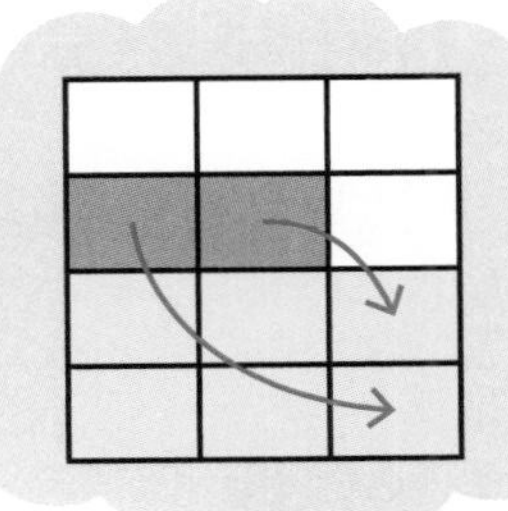

露露和姐姐喝了$\frac{3}{8}$升汽水。

露露的妈妈喝了$\frac{1}{2}$升汽水。

练 习

算一算。

❶ $\frac{1}{2} \times \frac{3}{5} = \frac{\square}{\square}$

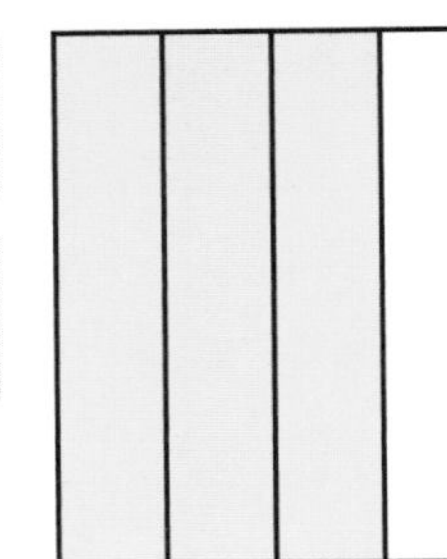

❷ $\frac{3}{5} \times \frac{1}{2} = \frac{\square}{\square}$

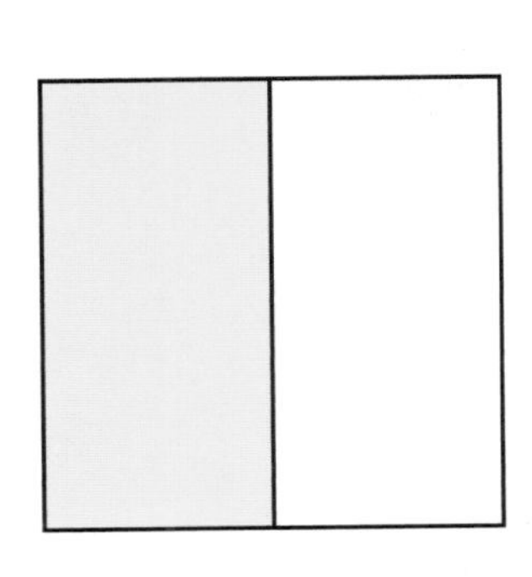

❸ $\frac{1}{4} \times \frac{1}{3} = \frac{\square}{\square}$

❹ $\frac{1}{2} \times \frac{2}{3} = \frac{\square}{\square}$

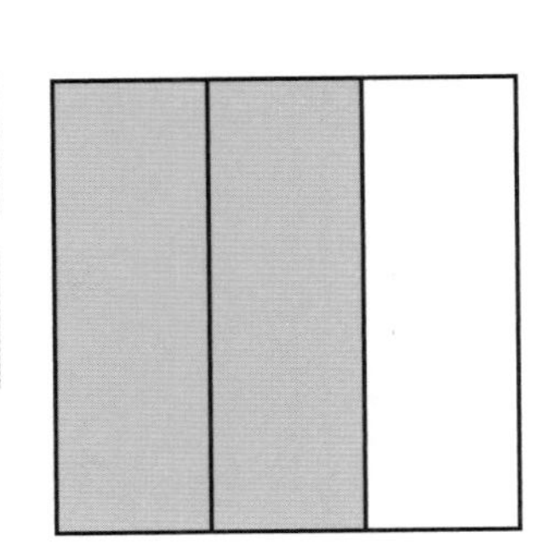

分数乘法（二）

第 6 课

准备

阿米拉和拉维分别步行去学校。阿米拉家距离学校$\frac{4}{5}$千米，她还有$\frac{1}{4}$的路程要走。拉维家距离学校$\frac{2}{5}$千米，他还有$\frac{1}{2}$的路程要走。

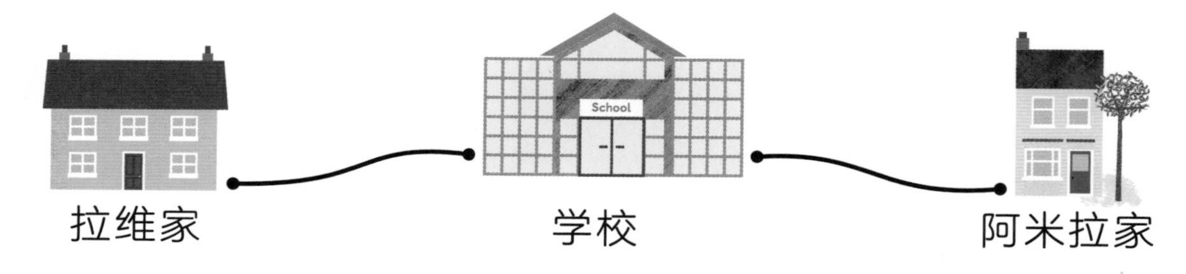

谁家距离学校更近一些？

举例

我们可以借助条形算一算。

每个方块是$\frac{1}{5}$。

4个$\frac{1}{4}$是1。

每个方块是$\frac{1}{5}$。

2个$\frac{1}{2}$是1。

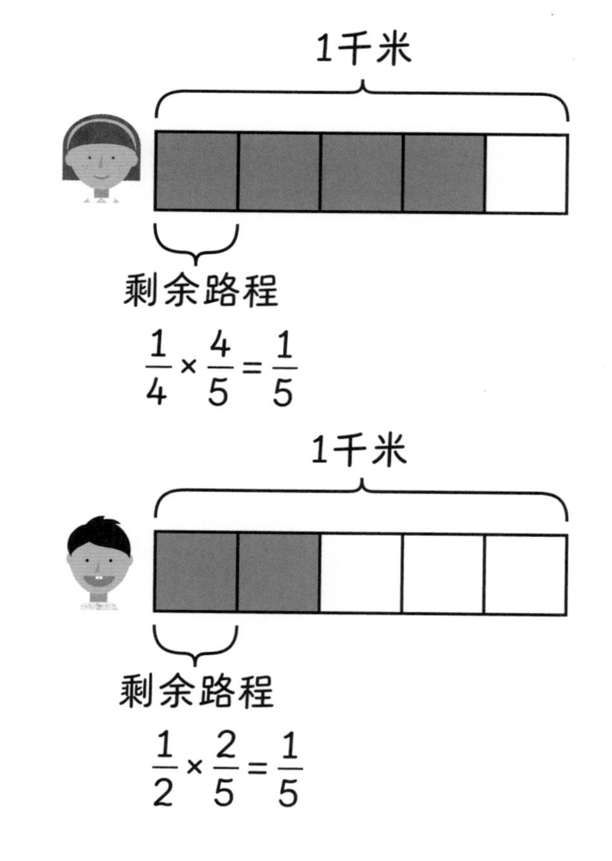

$\frac{1}{4} \times \frac{4}{5} = \frac{1}{5}$

$\frac{1}{2} \times \frac{2}{5} = \frac{1}{5}$

$\frac{2}{5}$的$\frac{1}{2}$等于$\frac{4}{5}$的$\frac{1}{4}$。

$$\frac{1}{2} \times \frac{2}{5} = \frac{1}{\cancel{4}_2} \times \frac{\cancel{4}^2}{5}$$

我们还可以这样计算分数的乘法。

先把分子相乘，再把分母相乘。

$$\frac{1}{4} \times \frac{4}{5} = \frac{1 \times 4}{4 \times 5} \qquad \frac{1}{2} \times \frac{2}{5} = \frac{1 \times 2}{2 \times 5}$$

$$\frac{1 \times 4}{4 \times 5} = \frac{4}{20} \qquad \frac{1 \times 2}{2 \times 5} = \frac{2}{10}$$

然后约分成最简分数。

$$\frac{4}{20} \xrightarrow{\div 4} \frac{1}{5} \qquad \frac{2}{10} \xrightarrow{\div 2} \frac{1}{5}$$

阿米拉和拉维都距离学校$\frac{1}{5}$千米。

练 习

算一算。

1. $\frac{1}{3} \times \frac{3}{7} = \frac{\square}{\square}$

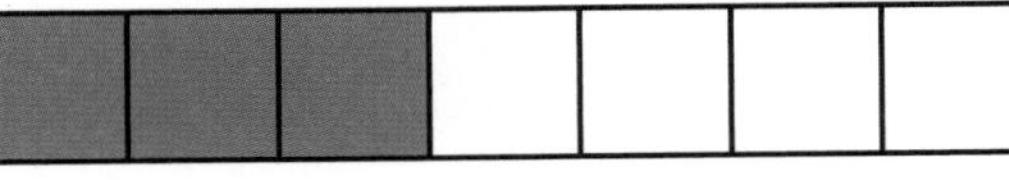

2. $\frac{2}{5} \times \frac{5}{9} = \frac{\square}{\square}$

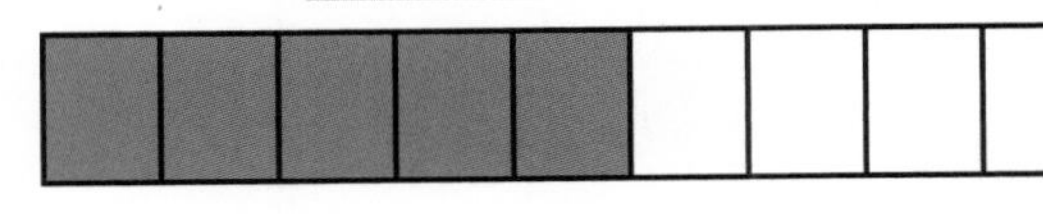

3. $\frac{1}{6} \times \frac{3}{5} = \frac{\square}{\square}$

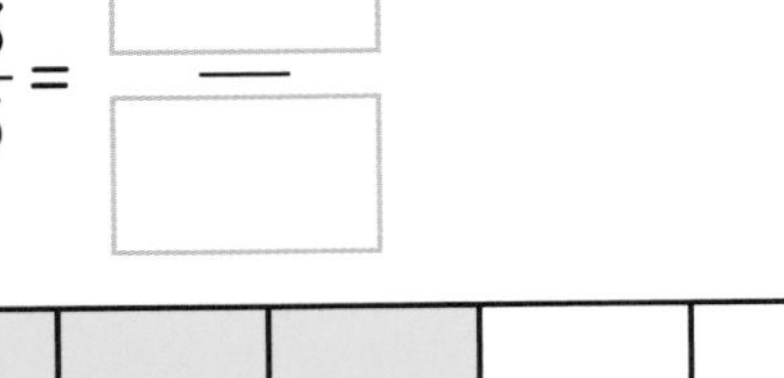

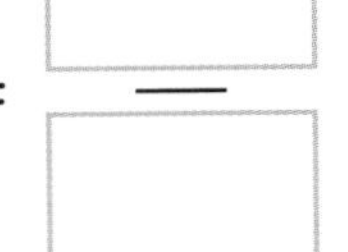

4. $\frac{1}{2} \times \frac{5}{7} = \frac{\square}{\square}$

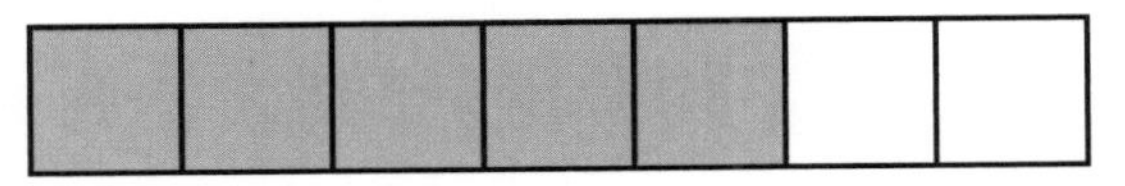

分数除法

第7课

准备

把六分之五块披萨平均分给朋友们。

分给5个朋友，每人分到几分之几？

分给3个朋友呢？

举例

有5块披萨。每块披萨占整个披萨的$\frac{1}{6}$。

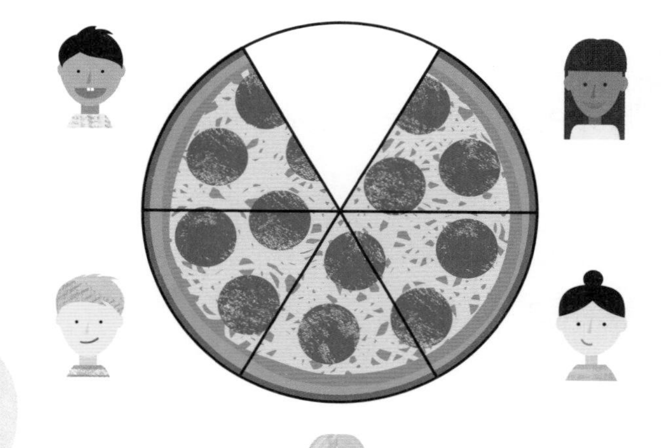

如果平均分给5个朋友，每人分到1块披萨。

$$\frac{5}{6} \div 5 = \frac{1}{6}$$

我们还可以说，每人分到了$\frac{5}{6}$块披萨的$\frac{1}{5}$。

$$\frac{1}{5} \times \frac{5}{6} = \frac{1}{6}$$

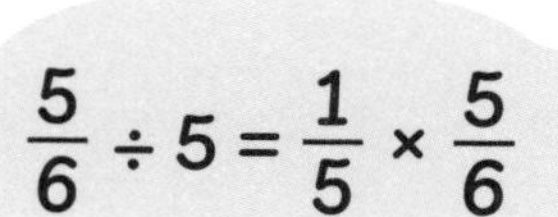

$$\frac{5}{6} \div 5 = \frac{1}{5} \times \frac{5}{6}$$

$\frac{5}{6}$块披萨平均分给5个朋友，每人分到整块披萨的$\frac{1}{6}$。

如果平均分给3个朋友，每人先分到1块披萨，那还剩2块披萨。

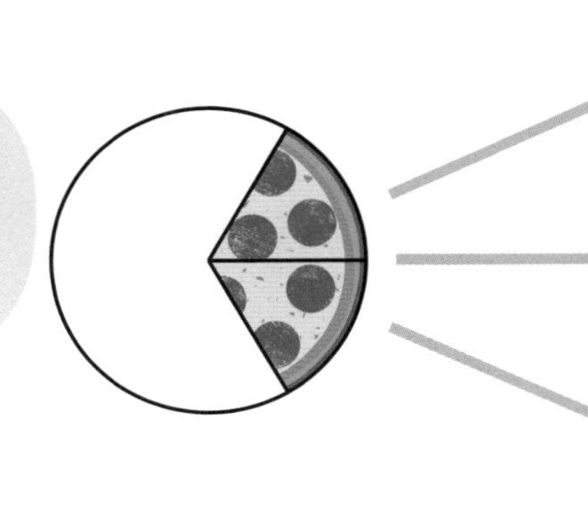
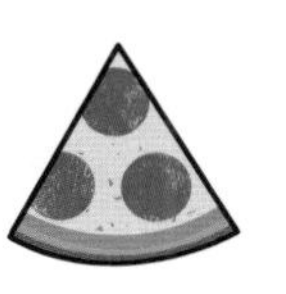

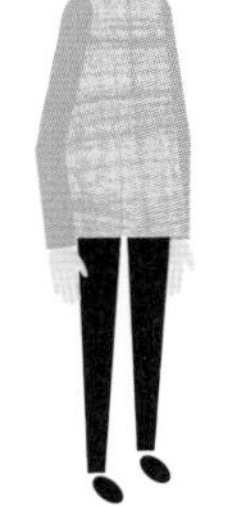

要分剩下的2块披萨，我们可以把每块披萨切成3个小块。每个小块是整个披萨的$\frac{1}{18}$。

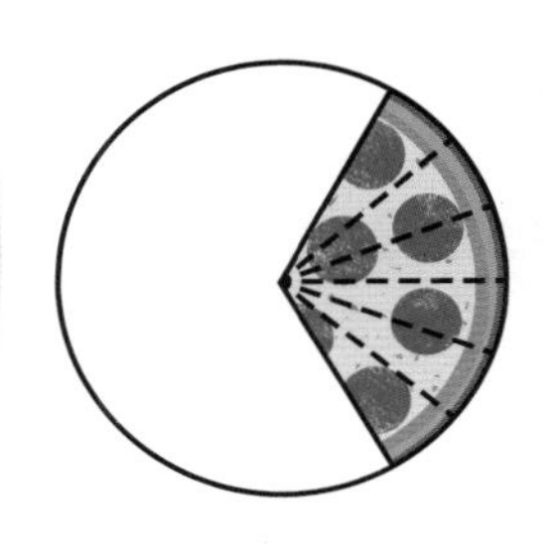
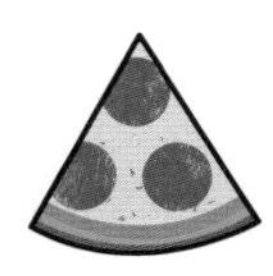
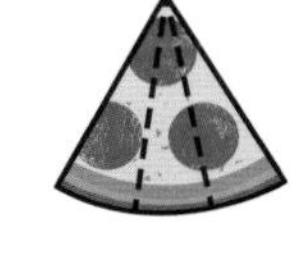

$\frac{1}{6} = \frac{3}{18}$

每人还能分到2个小块。

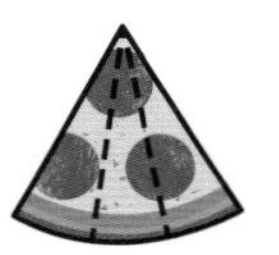
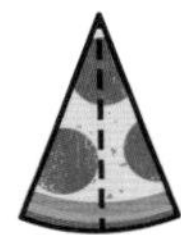

$\frac{3}{18}$ $\frac{2}{18}$

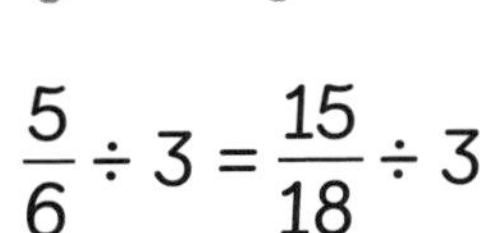

每人一共分到整块披萨的$\frac{3}{18}+\frac{2}{18}$。

$$\frac{3}{18}+\frac{2}{18}=\frac{5}{18}$$

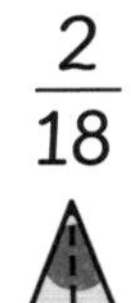

$\frac{3}{18}$ $\frac{2}{18}$

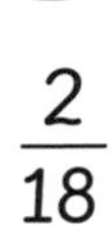
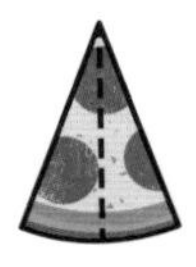
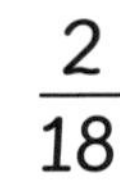

$\frac{3}{18}$ $\frac{2}{18}$

$\frac{5}{6}\div 3=\frac{15}{18}\div 3$

$\frac{15}{18}\div 3=\frac{5}{18}$

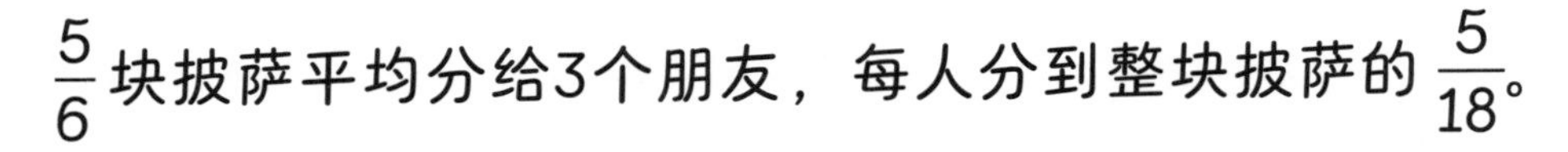

$\frac{5}{6}$块披萨平均分给3个朋友，每人分到整块披萨的$\frac{5}{18}$。

练习

1 算一算。

(1) $\frac{1}{2} \div 2 = \frac{\square}{\square}$

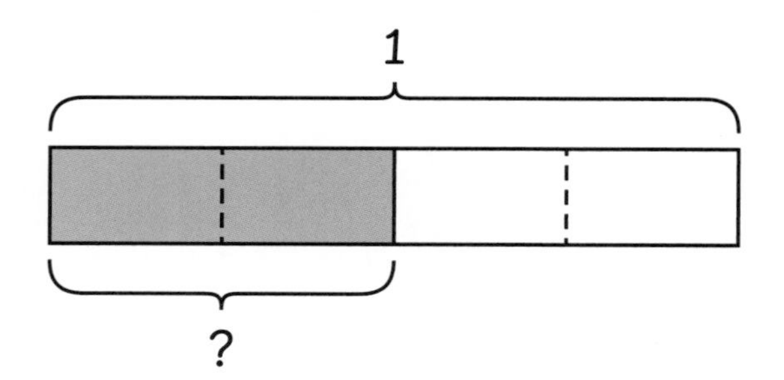

(2) $\frac{1}{2} \div 4 = \frac{\square}{\square}$

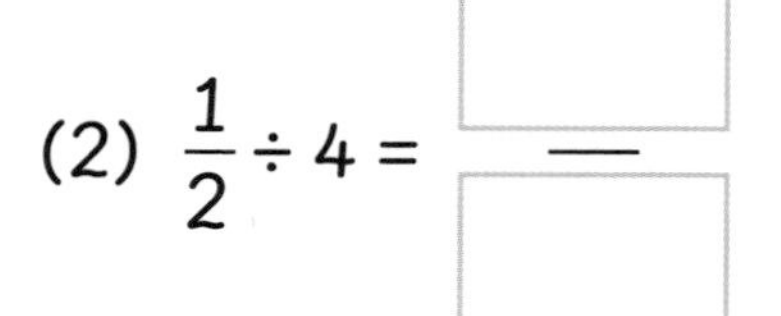

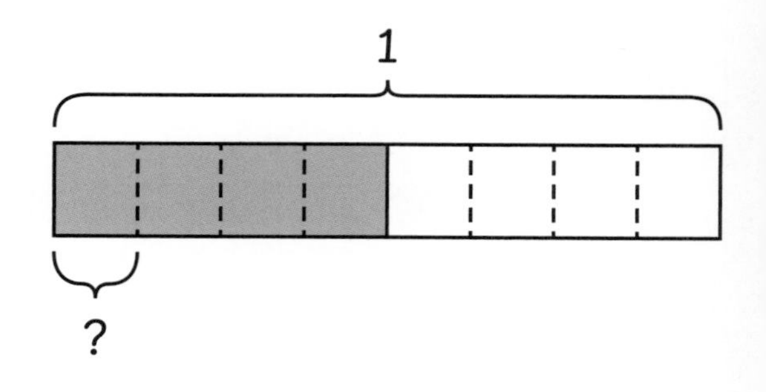

(3) $\frac{1}{2} \div 6 = \frac{\square}{\square}$

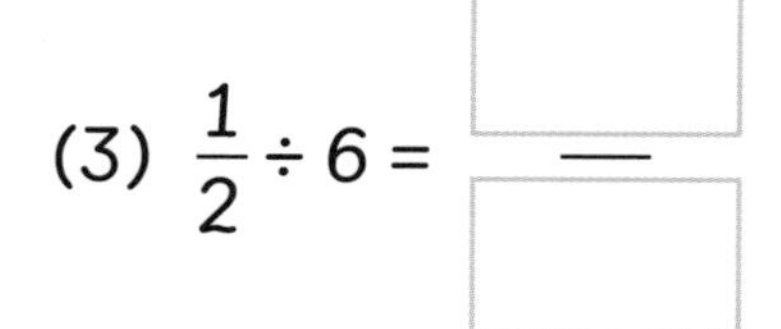

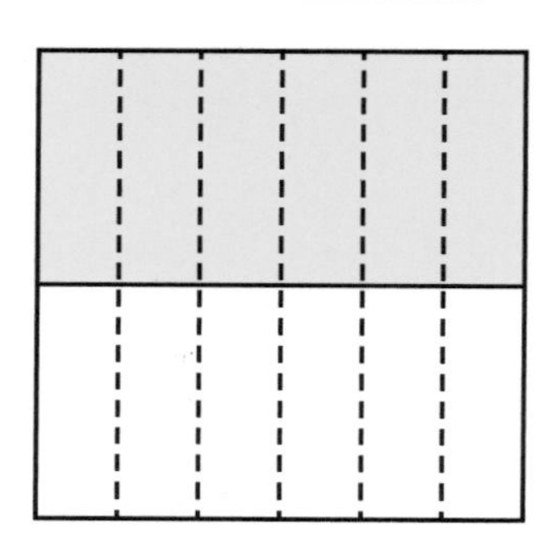

(4) $\frac{1}{2} \div 5 = \frac{\square}{\square}$

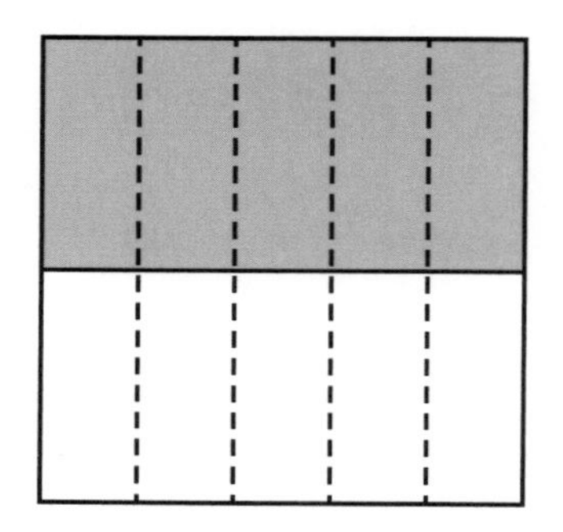

(5) $\frac{3}{4} \div 3 = \frac{\square}{\square}$

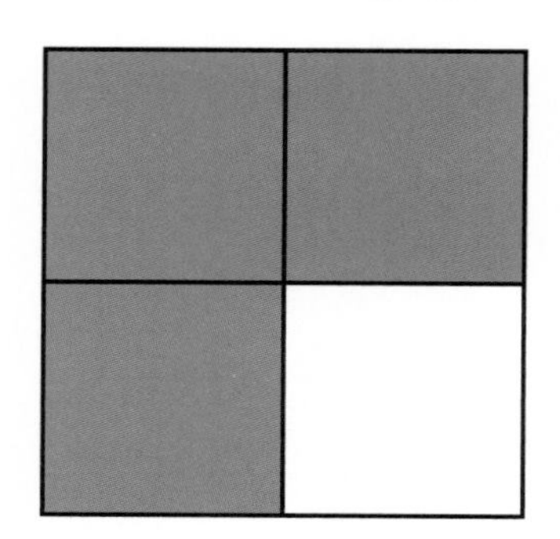

(6) $\frac{3}{4} \div 2 = \frac{\square}{\square}$

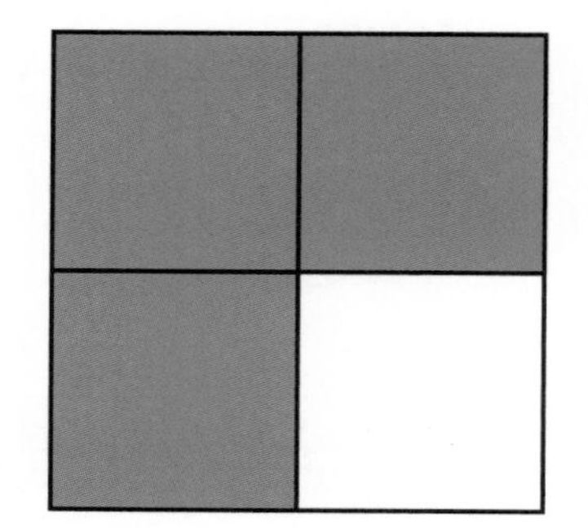

(7) $\frac{6}{7} \div 3 = \frac{\square}{\square}$

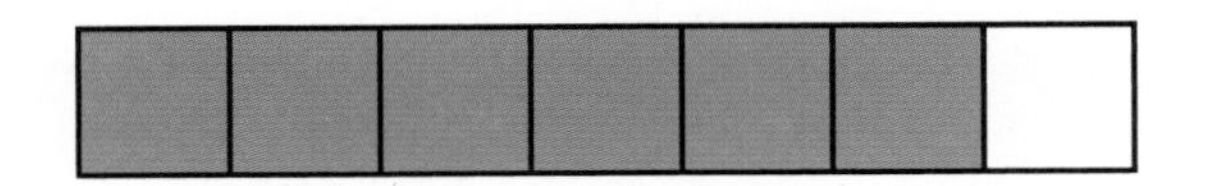

(8) $\frac{7}{8} \div 14 = \frac{\square}{\square}$

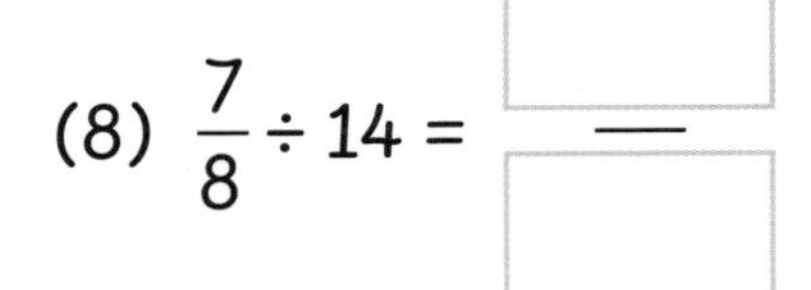

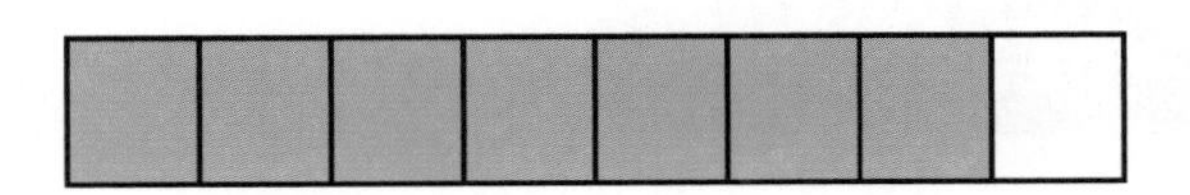

(9) $\frac{3}{5} \div 2 = \frac{3}{5} \times \frac{1}{2} = \frac{\square}{\square}$

(10) $\frac{2}{3} \div 3 = \frac{2}{3} \times \frac{1}{\square} = \frac{\square}{\square}$

2 画一画条形模型，算一算结果。

服务员要把 $\frac{3}{4}$ 升的辣椒酱平均装到6个瓶子里。
服务员应该往每个瓶子里倒几分之几升呢？

服务员应该往每个瓶子里倒 $\frac{\square}{\square}$ 升呢？

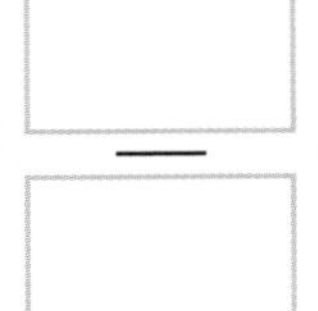

小数乘法

准备

为参加学校假期举行的烤饼义卖，阿米拉在帮妈妈烤百果馅饼。阿米拉的妈妈有4包0.454千克的黄油。

她一共有多少千克黄油？

举例

0.454乘以4，可以算出阿米拉的妈妈一共有多少千克黄油。

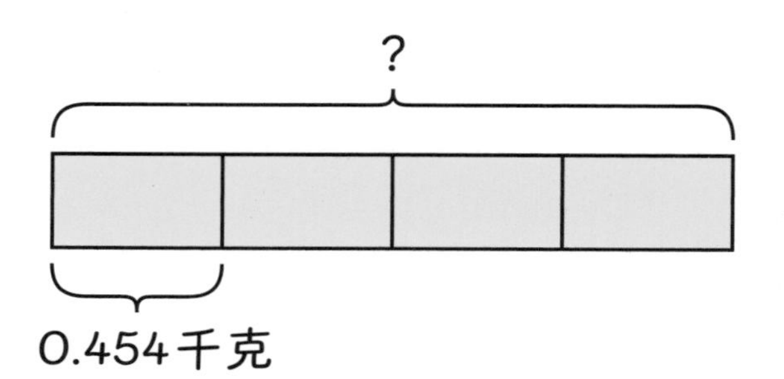

小数乘法与整数乘法的计算方法一样。我们要注意竖式计算时，把数字写在正确的位置。

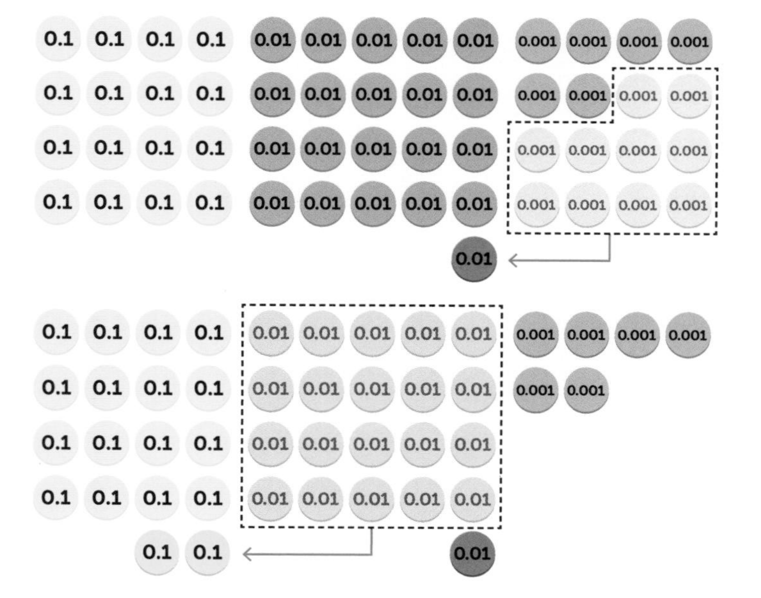

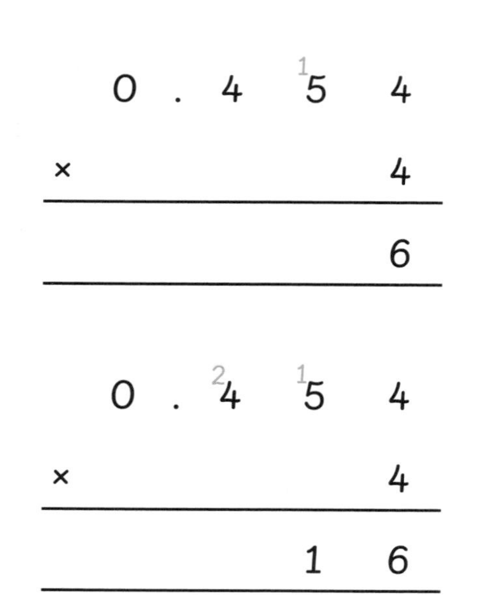

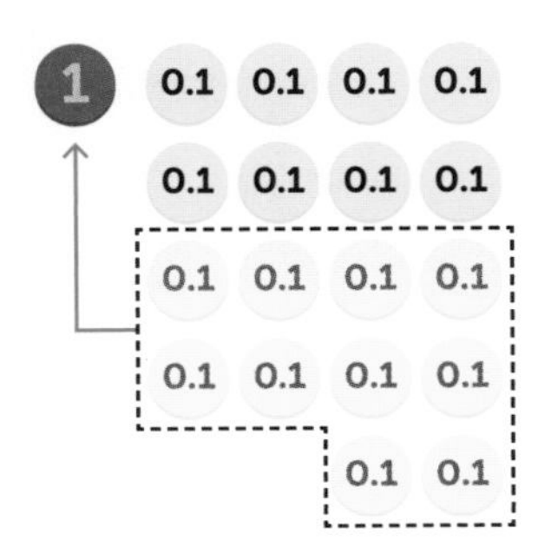

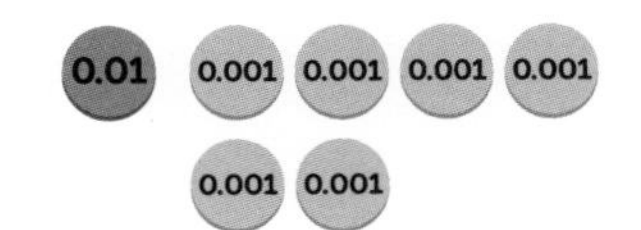

$$\begin{array}{r} 0.454 \\ \times \quad 4 \\ \hline 816 \\ \hline \end{array}$$

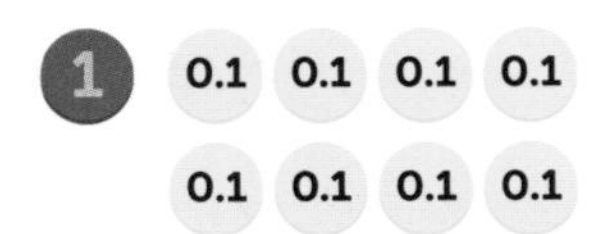

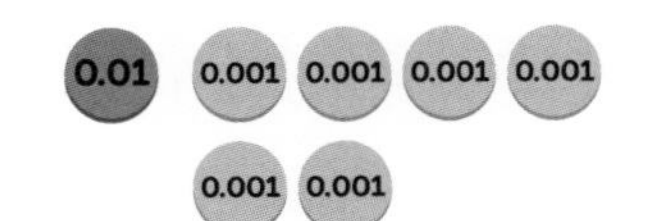

$$\begin{array}{r} 0.454 \\ \times \quad 4 \\ \hline 1.816 \\ \hline \end{array}$$

阿米拉的妈妈一共有1.816千克黄油。

练 习

算一算。

❶
$$\begin{array}{r} 6.35 \\ \times \quad 4 \\ \hline \square\square.\square\square \\ \hline \end{array}$$

❷
$$\begin{array}{r} 1.125 \\ \times \quad 8 \\ \hline \square.\square\square\square \\ \hline \end{array}$$

❸
$$\begin{array}{r} 5.021 \\ \times \quad 15 \\ \hline \square\square.\square\square\square \\ +\ \square\square.\square\square\square \\ \hline \square\square.\square\square\square \\ \hline \end{array}$$

❹
$$\begin{array}{r} 2.712 \\ \times \quad 19 \\ \hline \square\square.\square\square\square \\ +\ \square\square.\square\square\square \\ \hline \square\square.\square\square\square \\ \hline \end{array}$$

分数化小数

准备

商店老板要把5千克的大米平均装到8个罐子里。

商店老板需要给每个罐子里装多少千克大米？

举例

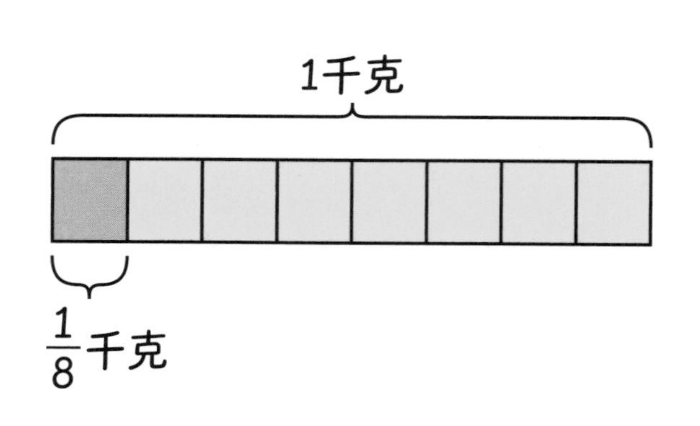

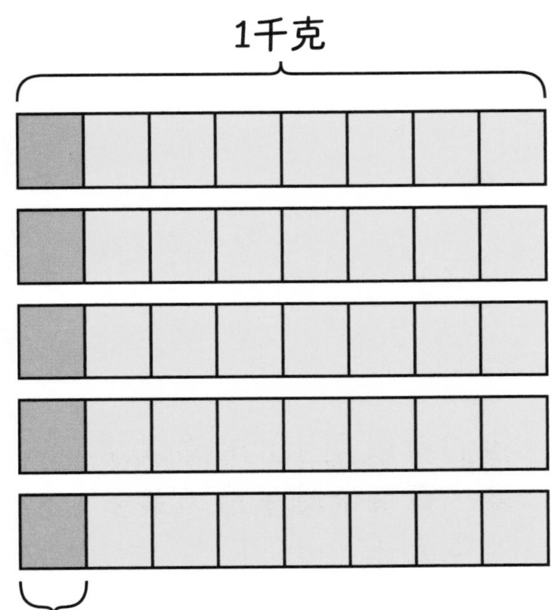

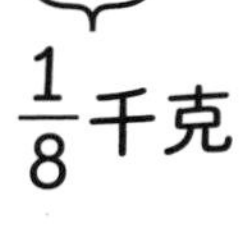

$1 \div 8 = \frac{1}{8}$，则

$5 \div 8 = \frac{5}{8}$。

商店老板需要给每个罐子里装$\frac{5}{8}$千克大米。

电子秤只显示小数代表的重量。我们需要把$\frac{5}{8}$化成小数。

我们可以用5除以8算一算每个罐子应该装多少千克大米。

可以用长除法计算。

注意把数字写在除法竖式的正确位置。

```
      0 . 6 2 5
   ____________
8 )   5 . 0 0 0
    - 4 . 8 0 0
    ___________
      0 . 2 0 0
    - 0 . 1 6 0
    ___________
      0 . 0 4 0
    - 0 . 0 4 0
    ___________
      0 . 0 0 0
```

8 > 5
我知道结果小于1。

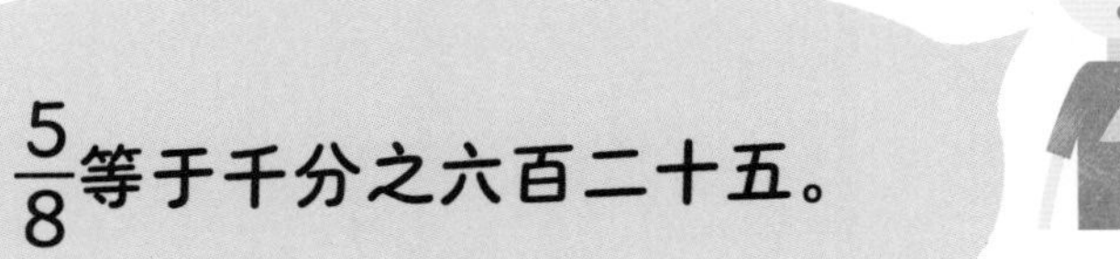

我们也可以把千克换算成克。1000克=1千克。也可以说1克是千分之一千克。

$$
\begin{array}{r}
625 \\
8\overline{)\,5000} \\
-\;4800 \\
\hline
200 \\
-\;160 \\
\hline
40 \\
-\;40 \\
\hline
0 \\
\hline
\end{array}
$$

我们可以用5000除以8算一算每个罐子应该装多少克大米。

625克 = 0.625千克

$5 \div 8 = \frac{5}{8} = 0.625$

商店老板需要给每个罐子里装0.625千克大米。

练 习

1 把下面的真分数化成小数。

(1) $\frac{1}{4} = 0.$ ☐　　(2) $\frac{1}{8} = 0.$ ☐

(3) $\frac{3}{4} = 0.$ ☐　　(4) $\frac{2}{5} = 0.$ ☐

(5) $\frac{7}{8}=0.\square$　　(6) $\frac{3}{40}=0.\square$

2 把下面的小数化成最简分数。

(1) $0.9=\frac{\square}{\square}$　　(2) $0.47=\frac{\square}{\square}$

(3) $0.75=\frac{\square}{\square}$　　(4) $0.125=\frac{\square}{\square}$

(5) $0.875=\frac{\square}{\square}$　　(6) $0.257=\frac{\square}{\square}$

循环小数取近似值

第10课

准备

我需要把$\frac{2}{3}$的面粉倒进一只碗里，把剩余的$\frac{1}{3}$倒进另一只碗里。

奥克需要往两只碗里分别倒多少千克面粉？

举例

1除以3可以得到$\frac{1}{3}$，2除以3可以得到$\frac{2}{3}$。

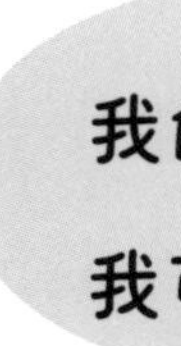

一直除下去，小数的位数越来越多，数位上的数字相同。$\frac{1}{3}$对应的小数是循环小数。

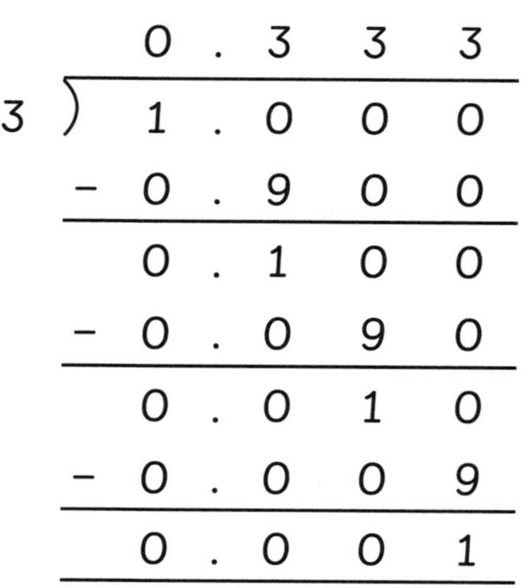

我的电子秤只显示三位小数。我可以把$\frac{1}{3}$四舍五入成0.333。

我们可以说$\frac{1}{3} \approx 0.333$。

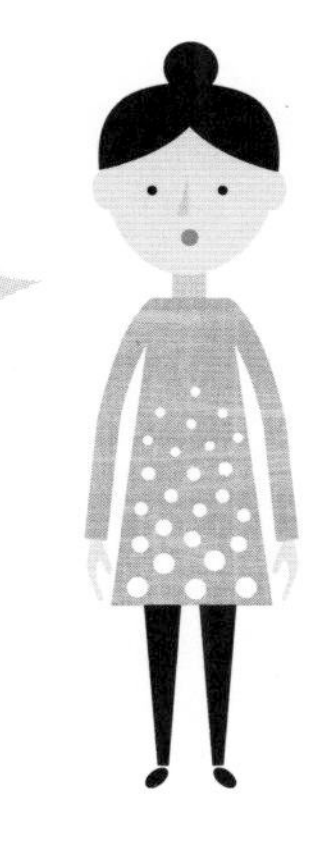

$$
\begin{array}{r}
0.666 \\
3\,\overline{)\,2.000} \\
-\;1.800 \\
\hline
0.200 \\
-\;0.180 \\
\hline
0.020 \\
-\;0.018 \\
\hline
0.002
\end{array}
$$

奥克需要把约0.333千克面粉倒进一只碗里，把约0.667千克面粉倒进另一只碗里。

练 习

把分数化成相应的小数。保留3位小数。

❶ $\frac{1}{3}=$ ☐

❷ $\frac{2}{3}=$ ☐

❸ $\frac{5}{6}=$ ☐

❹ $\frac{1}{9}=$ ☐

❺ $\frac{5}{9}=$ ☐

❻ $\frac{7}{9}=$ ☐

百分数表示数

第11课

准备

道格拉斯冷杉小学有540名学生。每天有60%的学生步行上学。

道格拉斯冷杉小学每天有多少名学生步行上学?

举例

想要求出540的60%是多少，我们可以先算出540的10%是多少。

540

10%	10%	10%	10%	10%	10%	10%	10%	10%	10%

?

540 ÷ 10 = 54

540的10%是54。

54 × 6 = 324

540的60%是324。

道格拉斯冷杉小学每天有324名学生步行上学。

练习

1 航空公司记录了各航班乘客的年龄。
下面的表格表示了最近7000名乘客的年龄。
你能把表格填完整吗？

乘客年龄	乘客百分比	乘客数量
<15周岁	15%	
15-65周岁	80%	
>65周岁	5%	

2 拉维的爸爸妈妈想买一张新沙发。
舒适沙发和豪华沙发他们都很喜欢。
哪张沙发打折后价格更贵？
贵多少元？

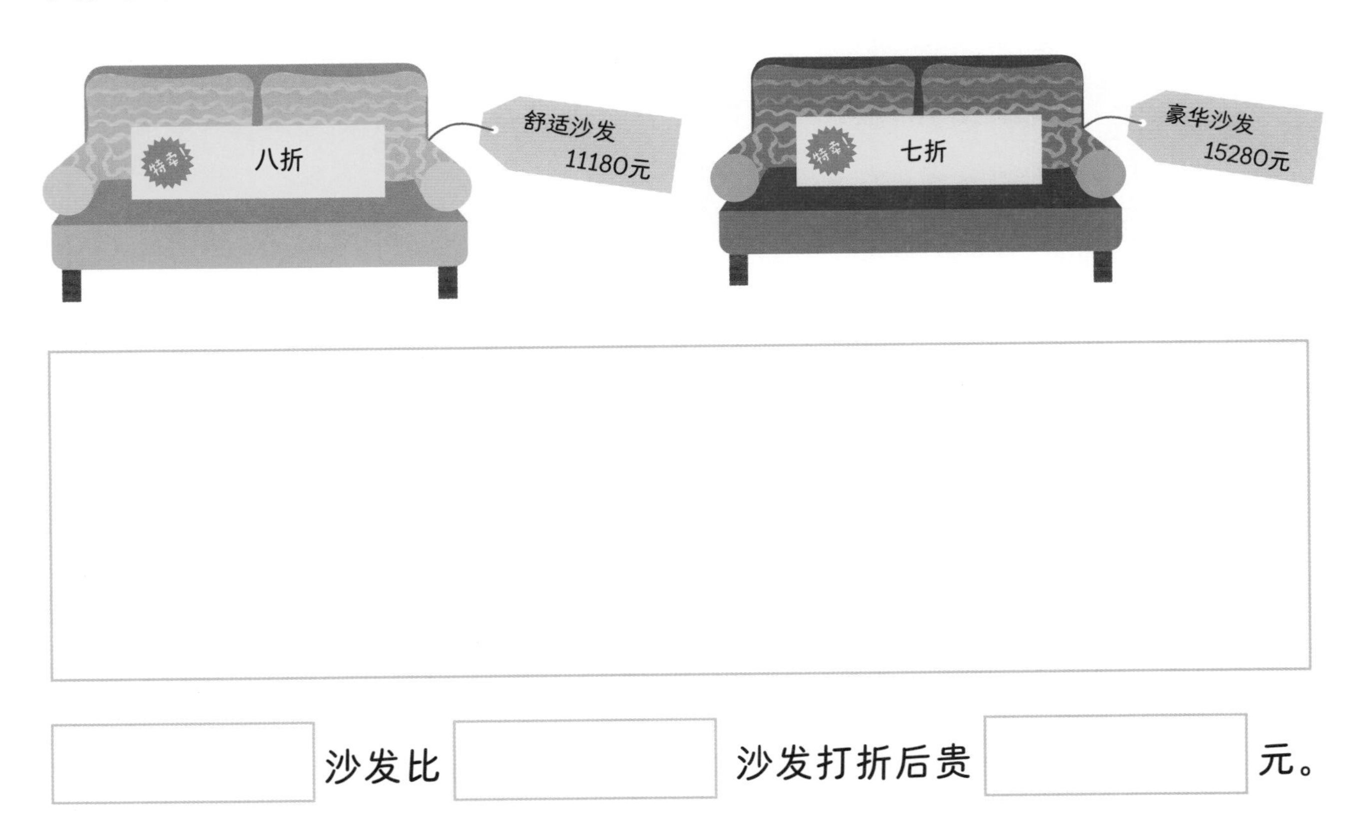

______沙发比______沙发打折后贵______元。

百分数表示数量

准备

查尔斯为学校的数学俱乐部买了一盒钢笔，含有80支红色和蓝色的钢笔。

盒子上的标签说明20%的钢笔是红色的。

盒子里有多少支红色的钢笔？

举例

我们可以借助条形模型算一算。

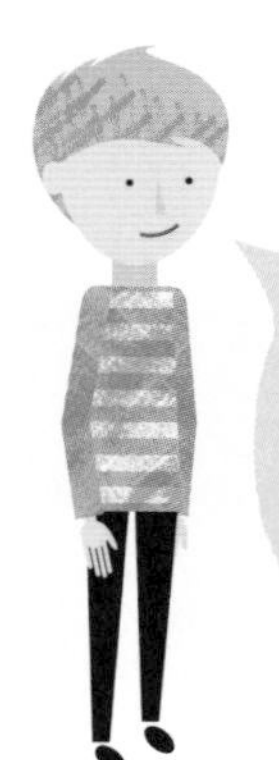

我们可以先求出80的10%。
$80 \div 10 = 8$
80的10%是8。

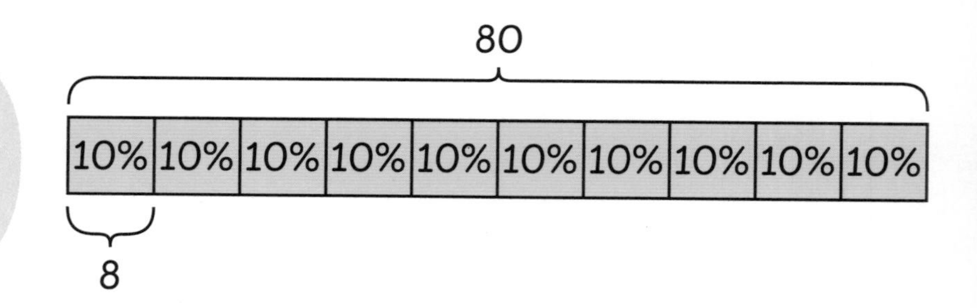

80的10%是8，那么80的20%是16。

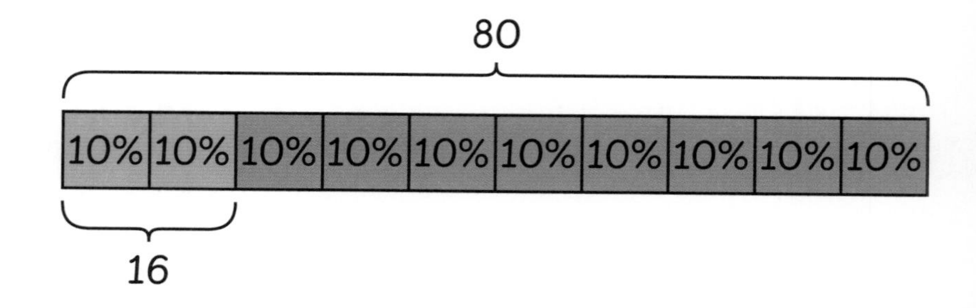

盒子里有16支红色的钢笔。

练习

1 算一算。

(1) 750毫升的10% = ☐ 毫升　(2) 248元的25% = ☐ 元

(3) 1.684千米的50% = ☐ 千米　(4) 400千克的17% = ☐ 千克

2 画一画条形模型，算一算问题的结果。

霍莉攒了120元的零用钱。她花了零用钱的20%买了新鞋，然后花了剩余零用钱的50%买了新衣服。

买衣服花了多少钱？

霍莉还剩多少钱？

买衣服花了 ☐ 元。

霍莉还剩 ☐ 元。

百分数表示增减

第13课

准备

露露和拉维在制作家庭相册。他们的照片都是80毫米宽。他们想把大头照缩小成20毫米宽，把其他照片放大成120毫米宽。

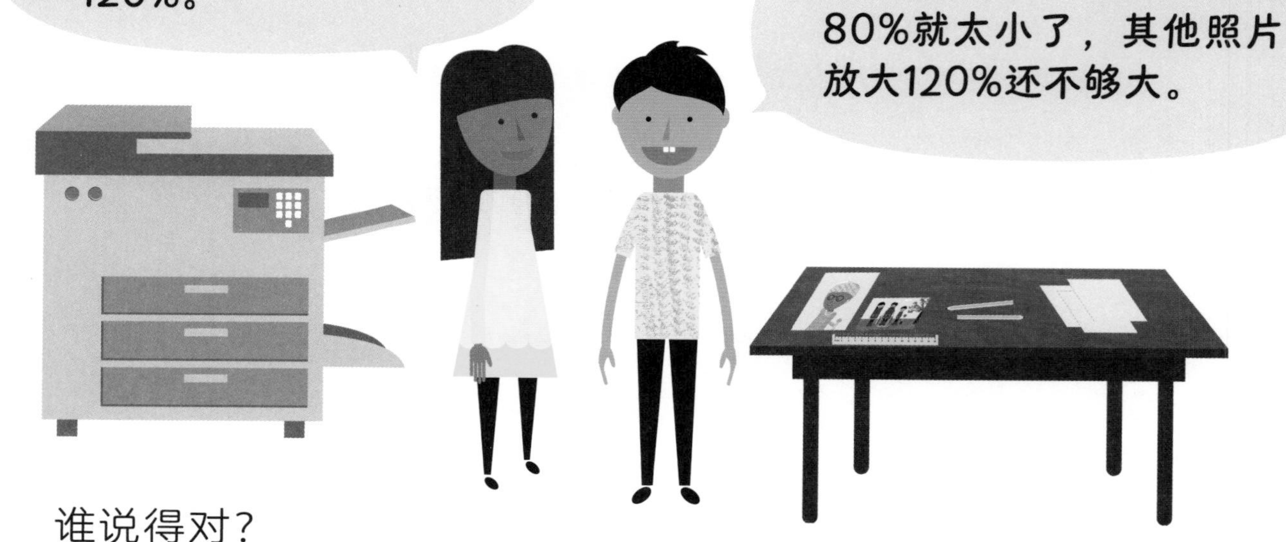

谁说得对？

举例

80毫米

放大

120毫米

放大的意思是增加照片的尺寸。

我们先来算一算增加了多少毫米。

照片放大成120毫米，我们需要把尺寸增加40毫米。

80毫米

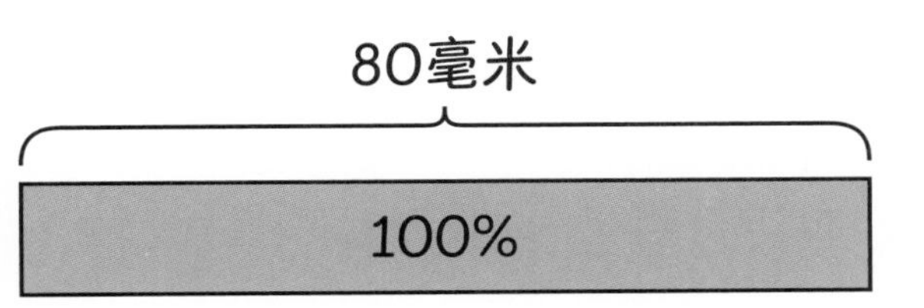

如果80毫米是100%，40毫米是百分之几？

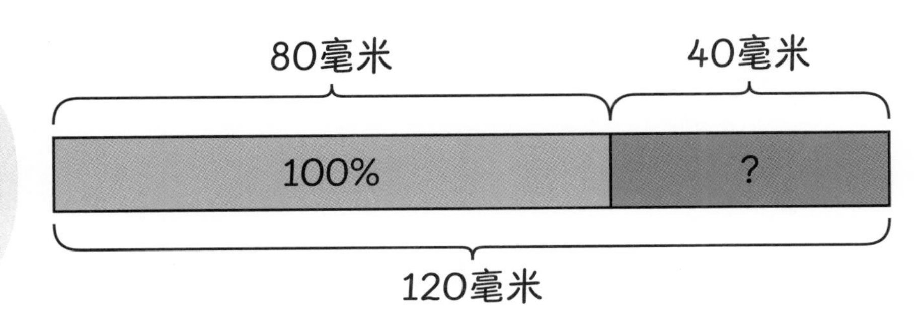

80毫米

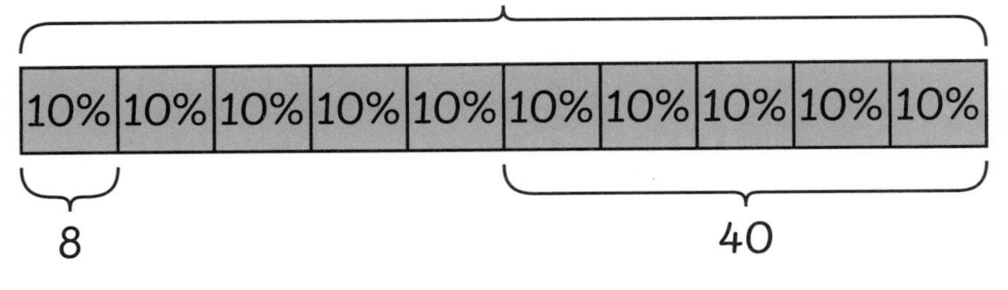

80的10%是8。80的50%是40。

80毫米　40毫米

100%	50%

120毫米

其他照片需要放大为原始尺寸的150%。

$150\% = \frac{150}{100} = 1.5$

我们可以用1.5×80验算一下结果。

$80 \times 1.5 = 120$

$120 \div 80 = 1.5$

$1.5 = 150\%$

我们需要把大头照缩小成宽20毫米。

80毫米的50%是40毫米。80的25%是20毫米。大头照需要缩小为原始尺寸的25%。

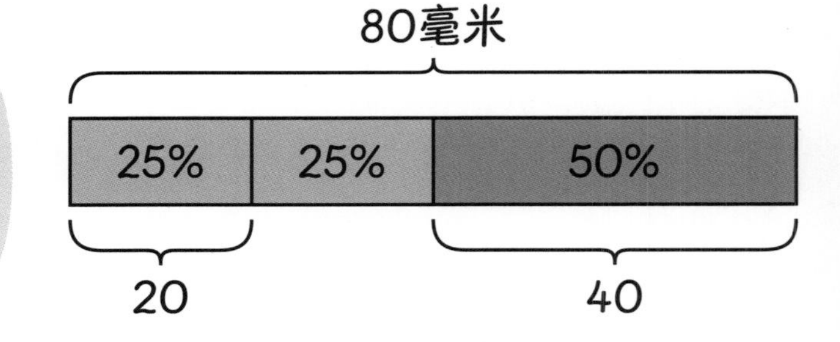

我们可以用0.25×80验算一下结果。

$80 \times 0.25 = 20$

$20 \div 80 = 0.25$

$0.25 = 25\%$

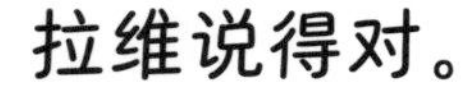

拉维说得对。

他们需要把大头照缩小75%，使大头照是原始尺寸的25%。

把其他照片放大150%，使照片是原始尺寸的150%。

练习

1. 艾略特的小猫体重是艾略特体重的20%。艾略特和小猫一共重48千克。他们的体重分别是多少千克？

48千克

艾略特的体重是 ☐ 千克，小猫的体重是 ☐ 千克。

2. 艾略特的小狗体重是艾略特体重的25%。
艾略特的小狗体重是多少千克？
小猫、小狗和艾略特一共重多少千克？

小狗的体重是 ☐ 千克。

小猫、小狗和艾略特一共重 ☐ 千克。

比较百分数的大小

第14课

准备

我有150分。我的分比萨姆的多20%。

我有120分。我的分比雅各布的少25%。

这可能吗？

举例

我觉得不可能。

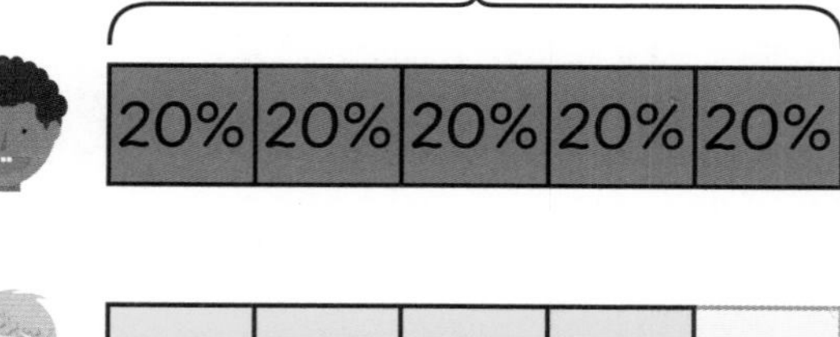

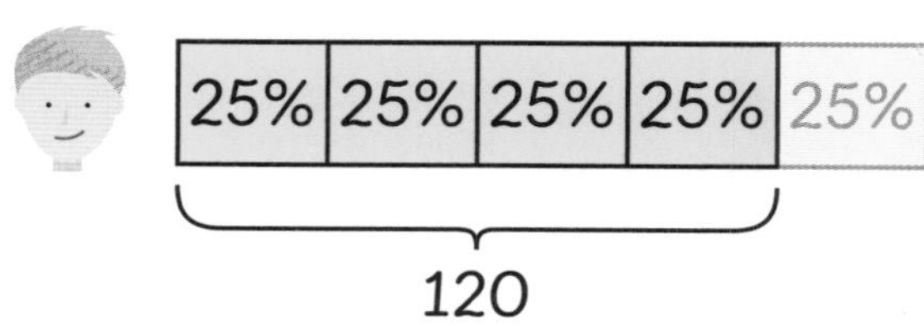

我觉得可能。一个数的25%可能等于另一个数的20%。

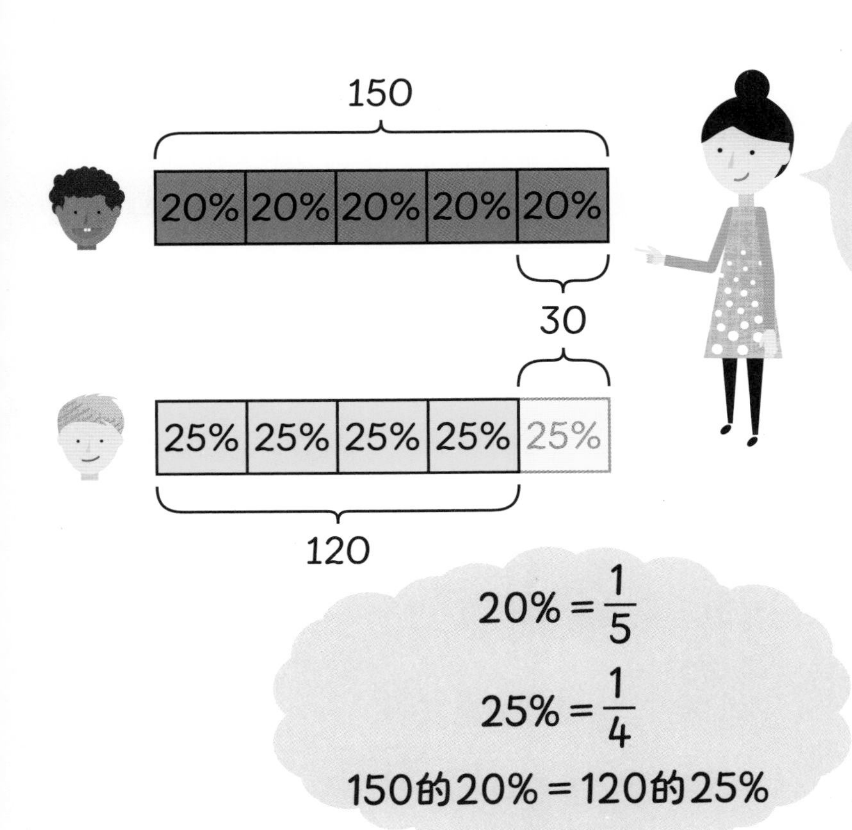

要算出150的20%，我们可以算一算0.2 × 150是多少。
$150 \times 0.2 = 30$

要算出120的25%，我们可以算一算0.25 × 120是多少。
$120 \times 0.25 = 30$

是可能的。

150的20%和120的25%都是30。

练 习

画一画条形模型，算一算结果。
拉维的零用钱是查尔斯的200%。鲁比的零用钱是查尔斯的50%。
鲁比的零用钱是拉维的百分之几？

鲁比的零用钱是拉维的 ______ %。

比：数量的比

准备

一盒冰淇淋甜筒里有3支香草味冰淇淋甜筒和2支巧克力味冰淇淋甜筒。

我们怎样比较盒子里香草味冰淇淋甜筒和巧克力味冰淇淋甜筒的数量？

举例

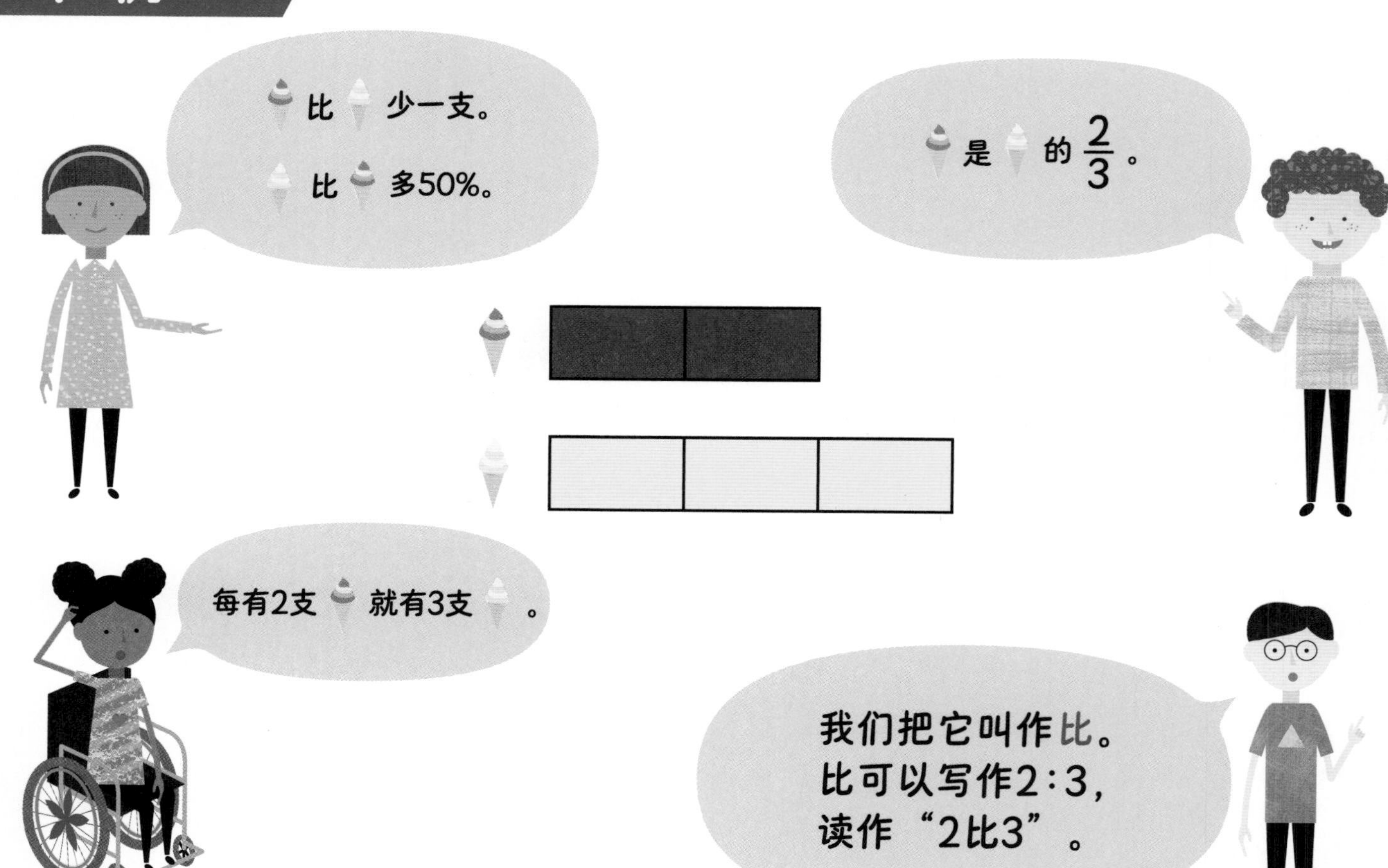

与 的比是2:3。

练 习

餐厅里的早餐有这些食物。

草莓 ■■■■

鸡蛋 ■■■

吐司片 ■■

甜瓜片 ■

填一填。

1. 鸡蛋与吐司片的比是 ☐ : ☐ 。
2. 吐司片与鸡蛋的比是 ☐ : ☐ 。
3. 草莓与甜瓜片的比是 ☐ : ☐ 。
4. 草莓与鸡蛋的比是 ☐ : ☐ 。

比：数的比

第16课

准备

星期三，科学博物馆售出的儿童票比成人票多254张。

每3名成人参观科学博物馆，就有5名儿童前来参观。

星期三一共有多少人参观科学博物馆？

举例

我们可以先画出条形模型，来表示成人与儿童的比是3∶5。

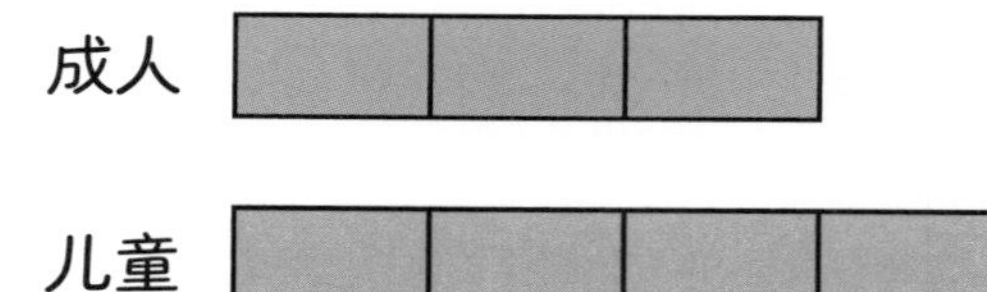

然后，表示出差值254。

$254 \div 2 = 127$

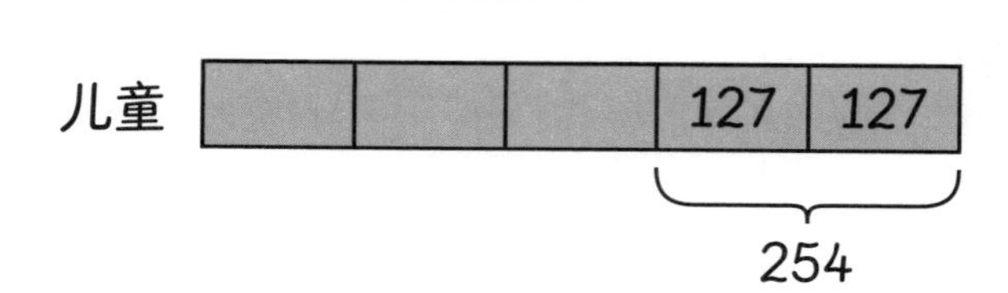

每个条形表示127。现在我们可以求出多少人参观了科学博物馆。

$127 \times 8 = 1016$

成人 | 127 | 127 | 127

儿童 | 127 | 127 | 127 | 127 | 127

星期三一共有1016人参观科学博物馆。

练 习

1 画一画条形模型，算一算问题的结果。
雅各布的体重与他的小狗的体重之比是3∶2。他们一共重60千克。
雅各布和小狗的体重分别是多少千克？

雅各布的体重是 ______ 千克，小狗的体重是 ______ 千克。

2 算一算问题的结果。
拉维在布置晚饭的餐桌。他需要在每个位置上放1个餐叉和1把餐刀。
他布置了8个位置，用了餐刀总数的$\frac{1}{3}$和餐叉总数的$\frac{1}{5}$。
他还剩多少个餐叉和多少把餐刀？

拉维还剩 ______ 个餐叉和 ______ 把餐刀。

回顾与挑战

1 连一连。

$\frac{15}{40}$ ● ● $\frac{3}{8}$

$\frac{14}{21}$ ● ● $\frac{6}{7}$

$\frac{10}{16}$ ● ● $\frac{2}{3}$

$\frac{18}{21}$ ● ● $\frac{5}{8}$

2 把下面分数按照从大到小的顺序排一排。

$2\frac{1}{2}$ $2\frac{4}{7}$ $2\frac{5}{8}$

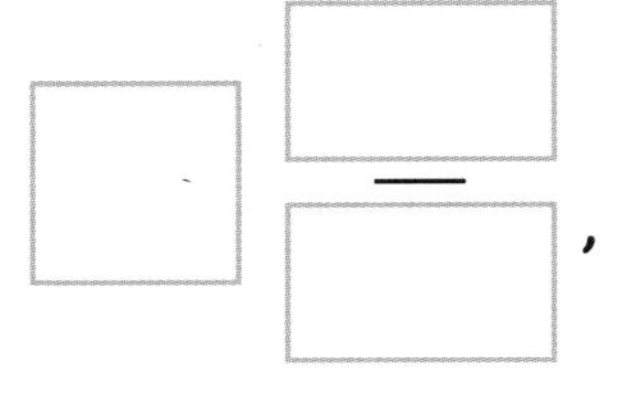
，
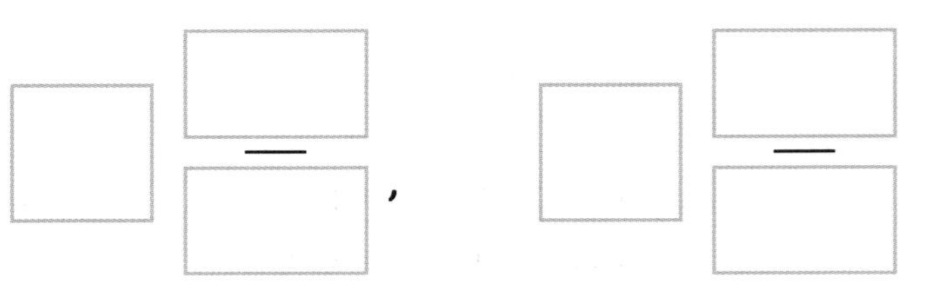

最大 → 最小

3 算一算。

(1) $3\frac{1}{3}+4\frac{5}{6}=$ □

(2) $\frac{8}{5}+1\frac{3}{4}=$ □

(3) $6\frac{1}{2}-6\frac{3}{8}=$ □

(4) $\frac{35}{15}-1\frac{2}{5}=$ □

4 算一算。

(1) $\frac{1}{3} \times \frac{3}{4} =$ □

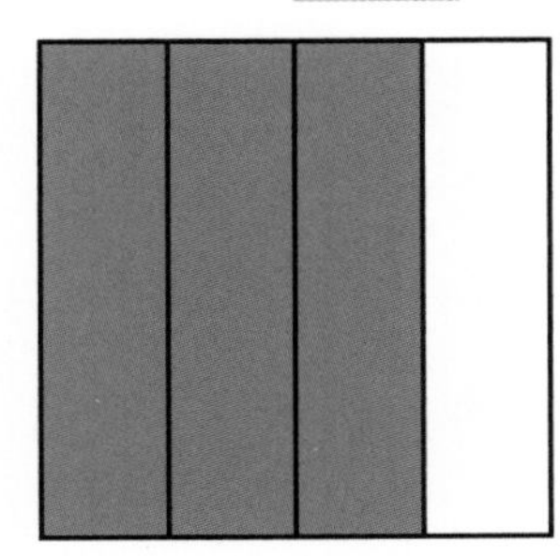

(2) $\frac{3}{5} \times \frac{5}{6} =$ □

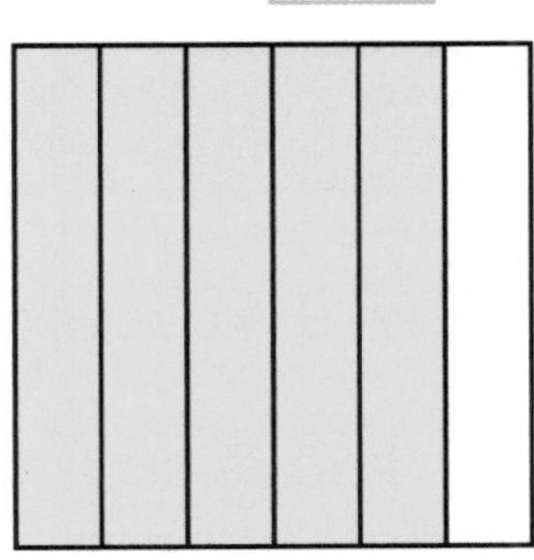

5 常青学校有三分之一的学生参加了数学竞赛。学生被平均分成了4组。

(1) 每组参赛学生人数占参赛学生总人数的几分之几？

(2) 每组参赛学生人数占学生总人数的几分之几？

(3) 如果每组有22名学生，常青学校一共有多少名学生？

6 把 $\frac{3}{4}$ 升水平均倒入8个杯子中。

每个杯子倒入多少升水？

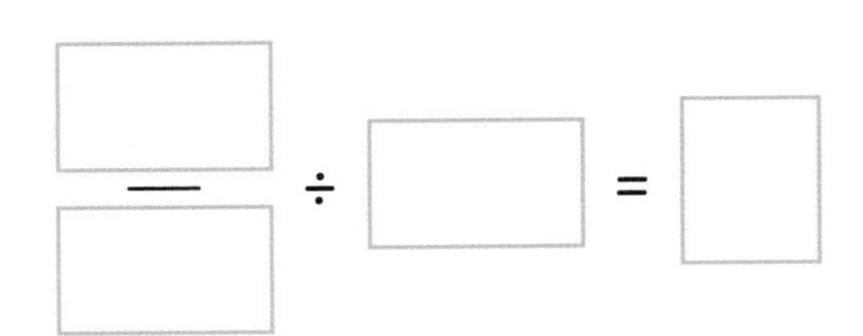

每个杯子倒入 □ 升水。

7 埃尔姆格罗夫小学有260名学生。

260

60%的学生有至少一只宠物。

下面的表格呈现了宠物信息。

宠物数量	学生百分比
一只狗	30%
一只猫	25%
一只以上宠物	15%
一只除猫狗以外的宠物	5%

(1) ☐ 名学生有至少一只宠物。

(2) 没有宠物的学生数量比有一只狗的学生数量(多/少)。

(3) 有(一只狗/一只猫)的学生数量比有(一只狗/一只猫)的学生数量多 ☐ 人。

(4) 有 ☐ 名学生没有宠物。

(5) 有一只除猫狗以外宠物的学生数量比有一只以上宠物的学生数量少 ☐ 人。

8 开业的第一年，乐器商店开始卖一种新型电吉他。第二年，乐器商店把电吉他的价格提高了10%。第三年，商店把电吉他第二年的价格又提高了的10%。

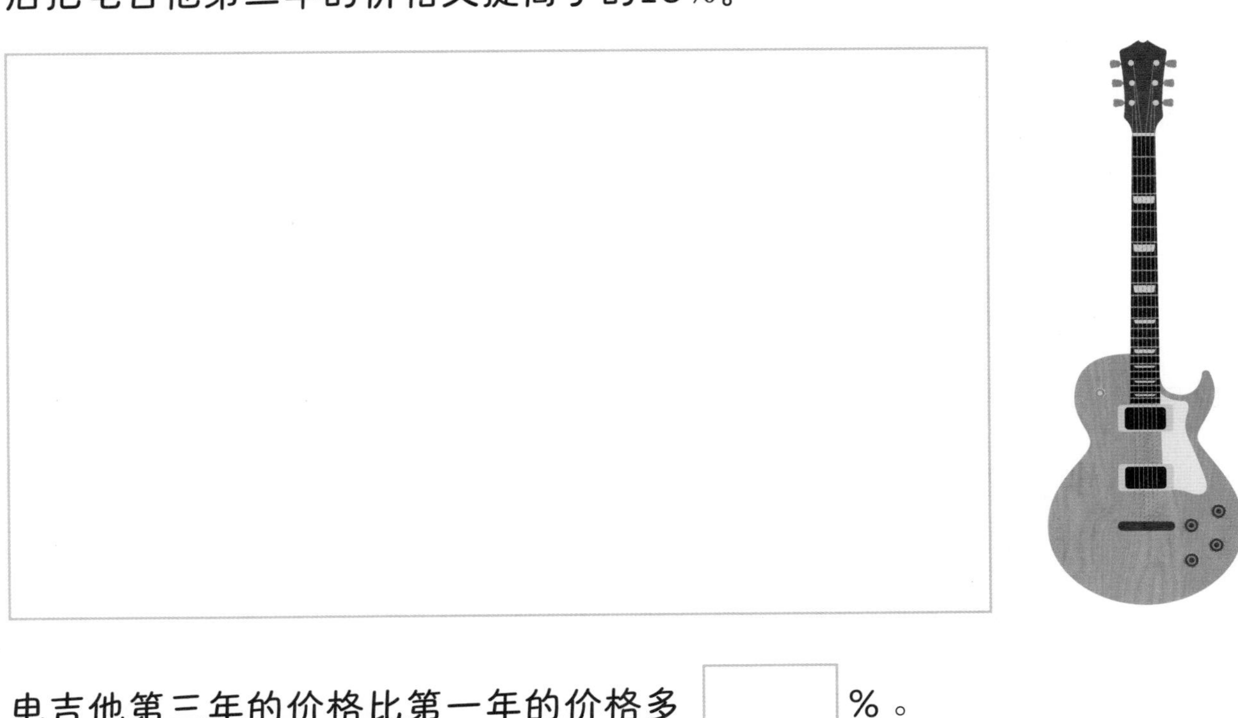

电吉他第三年的价格比第一年的价格多 ☐ %。

9 胶片暗房技师需要配制照相显影液。
表格中呈现了配制不同容量显影剂所需化学药品的比。
你能帮技师把表格填完整吗？

显影液成分	成分占比	配制1升溶液（单位：毫升）	配制5升溶液（单位：毫升）	配制20升溶液（单位：毫升）
水	5	500		10
成分*A*	2	200		
成分*B*	2			
活化剂	1	100		

参考答案

第 5 页　1 $\boxed{\frac{21}{35}}$ $\boxed{\frac{2}{3}}$ $\boxed{\frac{5}{7}}$ $\boxed{\frac{27}{33}}$ 2 (1) $\frac{14}{21}=\frac{2}{3}$ (2) $\frac{15}{27}=\frac{5}{9}$ (3) $\frac{24}{64}=\frac{3}{8}$ (4) $\frac{56}{72}=\frac{7}{9}$

第 7 页　1 $3\frac{3}{10}$, $3\frac{1}{2}$, $3\frac{3}{5}$ 2 $1\frac{3}{4}$, $1\frac{1}{2}$, $1\frac{3}{8}$

第 9 页　1 (1) $\frac{1}{2}+\frac{1}{4}=\frac{3}{4}$ (2) $\frac{1}{2}+\frac{3}{8}=\frac{7}{8}$ (3) $\frac{2}{5}+\frac{2}{3}=1\frac{1}{15}$ (4) $\frac{5}{6}+\frac{1}{8}=\frac{23}{24}$ 2 (1) $\frac{3}{4}-\frac{1}{2}=\frac{1}{4}$ (2) $\frac{3}{4}-\frac{5}{8}=\frac{1}{8}$ (3) $\frac{5}{7}-\frac{1}{4}=\frac{13}{28}$ (4) $\frac{5}{6}-\frac{3}{4}=\frac{1}{12}$

第 11 页　1 (1) $\frac{7}{8}+\frac{1}{4}=1\frac{1}{8}$ (2) $1\frac{1}{2}+\frac{3}{8}=1\frac{7}{8}$ (3) $2\frac{5}{6}+3\frac{3}{4}=6\frac{7}{12}$ (4) $\frac{8}{3}+1\frac{3}{4}=4\frac{5}{12}$ 2 (1) $\frac{7}{9}-\frac{2}{3}=\frac{1}{9}$ (2) $1\frac{3}{8}-\frac{1}{4}=1\frac{1}{8}$ (3) $7\frac{1}{2}-3\frac{7}{8}=3\frac{5}{8}$ (4) $\frac{31}{20}-1\frac{2}{5}=\frac{3}{20}$

第 13 页　1 $\frac{1}{2}\times\frac{3}{5}=\frac{3}{10}$ 2 $\frac{3}{5}\times\frac{1}{2}=\frac{3}{10}$ 3 $\frac{1}{4}\times\frac{1}{3}=\frac{1}{12}$ 4 $\frac{1}{2}\times\frac{2}{3}=\frac{1}{3}$

第 15 页　1 $\frac{1}{3}\times\frac{3}{7}=\frac{1}{7}$ 2 $\frac{2}{5}\times\frac{5}{9}=\frac{2}{9}$ 3 $\frac{1}{6}\times\frac{3}{5}=\frac{1}{10}$ 4 $\frac{1}{2}\times\frac{5}{7}=\frac{5}{14}$

第 18 页　1 (1) $\frac{1}{2}\div 2=\frac{1}{4}$ (2) $\frac{1}{2}\div 4=\frac{1}{8}$ (3) $\frac{1}{2}\div 6=\frac{1}{12}$ (4) $\frac{1}{2}\div 5=\frac{1}{10}$ (5) $\frac{3}{4}\div 3=\frac{1}{4}$ (6) $\frac{3}{4}\div 2=\frac{3}{8}$

第 19 页　(7) $\frac{6}{7}\div 3=\frac{2}{7}$ (8) $\frac{7}{8}\div 14=\frac{1}{16}$ (9) $\frac{3}{5}\div 2=\frac{3}{5}\times\frac{1}{2}=\frac{3}{10}$ (10) $\frac{2}{3}\div 3=\frac{2}{3}\times\frac{1}{3}=\frac{2}{9}$

2 服务员应该往每个瓶子里倒 $\frac{1}{8}$ 升。

第 21 页

1
$$\begin{array}{r} {}^{1}6.{}^{2}3\,5 \\ \times\quad 4 \\ \hline 25.40 \\ \hline \end{array}$$

2
$$\begin{array}{r} {}^{1}1.{}^{2}1\,{}^{4}2\,5 \\ \times\quad 8 \\ \hline 9.000 \\ \hline \end{array}$$

3
$$\begin{array}{r} 5.{}^{1}0\,2\,1 \\ \times\quad 1\,5 \\ \hline 2\,5.1\,0\,5 \\ +\,5\,0.2\,1\,0 \\ \hline 7\,5.3\,1\,5 \\ \hline \end{array}$$

4
$$\begin{array}{r} {}^{6}2.{}^{1}7\,{}^{1}1\,2 \\ \times\quad 1\,9 \\ \hline 2\,4.4\,0\,8 \\ +\,2\,7.1\,2\,0 \\ \hline 5\,1.5\,2\,8 \\ \hline \end{array}$$

第 24 页　1 (1) $\frac{1}{4}=0.25$ (2) $\frac{1}{8}=0.125$ (3) $\frac{3}{4}=0.75$ (4) $\frac{2}{5}=0.4$

第 25 页　(5) $\frac{7}{8}=0.875$ (6) $\frac{3}{40}=0.075$ 2 (1) $0.9=\frac{9}{10}$ (2) $0.47=\frac{47}{100}$ (3) $0.75=\frac{3}{4}$ (4) $0.125=\frac{1}{8}$ (5) $0.875=\frac{7}{8}$ (6) $0.257=\frac{257}{1000}$

第 27 页　1 $\frac{1}{3}=0.333$ 2 $\frac{2}{3}=0.667$ 3 $\frac{5}{6}=0.833$ 4 $\frac{1}{9}=0.111$ 5 $\frac{5}{9}=0.556$ 6 $\frac{7}{9}=0.778$

第 29 页 1

乘客年龄	乘客百分比	乘客数量
< 15周岁	15%	1050
15–65周岁	80%	5600
> 65周岁	5%	350

2 豪华沙发比舒适沙发打折后贵1 752元。.

第 31 页 1 **(1)** 750毫升的10% = 75毫升 **(2)** 248元的25% = 62元 **(3)** 1.684千米的50% = 0.842千米
(4) 400千克的17% = 68千克

2

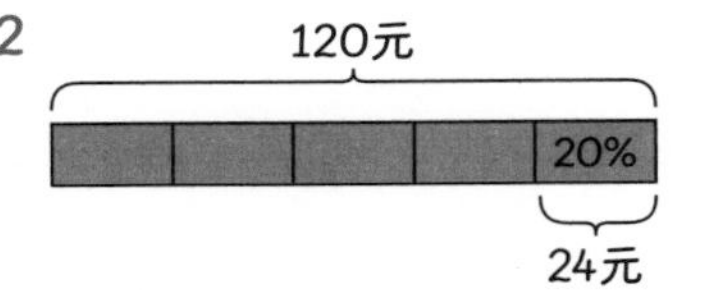

120 − 24 = 96; 50% × 96 = 48; 96 − 48 = 48，买衣服花了48元。霍莉还剩48元。

第 35 页 1 艾略特的体重是40千克，小猫的体重是8千克。2 小狗的体重是10千克。艾略特和小猫、小狗一共重58千克。

第 37 页

查尔斯 100%

拉维 100% 100%

鲁比 50%

鲁比的零用钱是拉维的25%。

第 39 页 1 鸡蛋与吐司片的比是 3 : 2。 2 吐司片与鸡蛋的比是 2 : 3。
3 吐司片与鸡蛋的比是 4 : 1。 4 草莓与鸡蛋的比是 4 : 3。

第 41 页 1

雅各布

雅各布的小狗

60千克

60 ÷ 5 = 12; 12 × 3 = 36; 12 × 2 = 24 雅各布重36千克，他的小狗重24千克。

2

餐刀

餐叉

拉维还剩32个餐叉和16把餐刀。

第 42 页 1

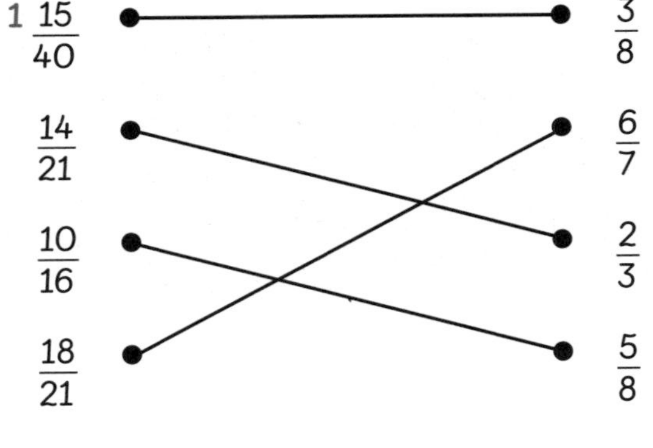

2 $2\frac{5}{8}, 2\frac{4}{7}, 2\frac{1}{2}$ 3 **(1)** $3\frac{1}{3} + 4\frac{5}{6} = 8\frac{1}{6}$ **(2)** $\frac{8}{5} + 1\frac{3}{4} = 3\frac{7}{20}$
(3) $6\frac{1}{2} - 6\frac{3}{8} = \frac{1}{8}$ **(4)** $\frac{35}{15} - 1\frac{2}{5} = \frac{14}{15}$

第 43 页 4 **(1)** $\frac{1}{3} \times \frac{3}{4} = \frac{1}{4}$ **(2)** $\frac{3}{5} \times \frac{5}{6} = \frac{1}{2}$ 5 **(1)** $\frac{1}{4}$ **(2)** $\frac{1}{12}$ **(3)** 264

6 $\frac{3}{4} \div 8 = \frac{3}{32}$ 每个杯子倒入$\frac{3}{32}$升水。

第 44 页 7 **(1)**156名学生有至少一只宠物。**(2)**没有宠物的学生数量比有一只狗的学生数量多。**(3)**有一只狗的学生数量比有一只猫的学生数量多13人。**(4)** 有104名学生没有宠物。**(5)**有一只除猫狗以外宠物的学生数量比有一只以上宠物的学生数量少26人。

第 45 页　8

100%
第一年

110%
第二年　10%

121%
第三年　10%　11%

电吉他第三年的价格比第一年的价格多21%。

9

显影液成分	成分占比	配制1升溶液（单位：毫升）	配制5升溶液（单位：毫升）	配制20升溶液（单位：毫升）
水	5	500	2500	10
成分*A*	2	200	1000	4
成分*B*	2	200	1000	4
活化剂	1	100	500	2